蔬菜这样做最营养

甘智荣 主编

江苏凤凰科学技术出版社 凤凰含章

图书在版编目（CIP）数据

蔬菜这样做最营养 / 甘智荣主编 . -- 南京 : 江苏凤凰科学技术出版社 , 2015.8
（含章·生活 + 系列）
ISBN 978-7-5537-4531-2

Ⅰ . ①蔬… Ⅱ . ①甘… Ⅲ . ①蔬菜 – 菜谱 Ⅳ . ① TS972.123

中国版本图书馆 CIP 数据核字 (2015) 第 100993 号

蔬菜这样做最营养

主　　编	甘智荣
责任编辑	樊　明　　葛　昀
责任监制	曹叶平　　周雅婷
出版发行	凤凰出版传媒股份有限公司 江苏凤凰科学技术出版社
出版社地址	南京市湖南路 1 号 A 楼，邮编：210009
出版社网址	http://www.pspress.cn
经　　销	凤凰出版传媒股份有限公司
印　　刷	北京旭丰源印刷技术有限公司
开　　本	718mm × 1000mm　1/16
印　　张	14
字　　数	200千字
版　　次	2015年8月第1版
印　　次	2015年8月第1次印刷
标准书号	ISBN 978-7-5537-4531-2
定　　价	29.80元

序言

PREFACE

古人云：“三日可无肉，日菜不可无。”蔬菜是人们生活中必不可少的食物，这是因为蔬菜含有多种营养素，是无机盐和维生素的主要来源，尤其是在膳食中缺少牛奶和水果时，蔬菜显得格外重要。因此，我们有必要更好地了解蔬菜的营养价值及食用方法，正确、科学地提供人体所需物质，打造健康体魄。

大部分人都知道，多吃蔬菜对健康有很大的益处，科学研究也证明，一个成年人每天应摄入200~500克蔬菜，才能满足人体基本需要。但不同的蔬菜营养价值也有所不同，在现实生活中，人们往往将价格、味道、口感等作为选择的标准，其实这不太科学。究竟怎样烹饪蔬菜，才能起到全面摄入营养的作用呢?

首先，蔬菜混炒营养多。维生素C在深绿色蔬菜中最丰富，而黄豆芽富含维生素B_2，若将黄豆芽炒菠菜，则两种维生素均可获得。其次，柿子椒中富含维生素C、胡萝卜中富含胡萝卜素、土豆中含热量，若将三者合炒，则有益吸收。最后，炒菜时不宜加入过多的水，烹煮时加水过多、加热过度，会造成蔬菜中的维生素流失。

作为日常生活中最常吃的食材，蔬菜在菜色、口感、味道、营养上并不逊色于肉类，但却极易因为做得过于清淡而让人提不起食欲，更会因为烹饪方式单调而让人产生厌倦。本书精心挑选了许多道营养可口的蔬菜。无论是鲜爽脆嫩的凉拌蔬菜，还是清香嫩滑的蒸煮蔬菜，都能让家人食欲大增、胃口大开。全书按食材分为叶菜类、花菜类、块根类、瓜果类等4大部分，拌炒烧蒸……一网打尽蔬菜的多元化烹饪方式，甜、辣、酸、爽，诱人的美味蔬菜尽在其中。一书在手，让蔬菜的做法从此不再千篇一律，让你和家人天天都可尝鲜。

目录

CONTENTS

Part1 烹饪方法、蔬菜巧处理

012 拌/腌/卤
013 炒/熘
014 烧/焖
016 蒸/炸
016 炖/煮
017 煲/烩
018 凋萎蔬菜返鲜法
019 巧炒脆嫩青菜
020 汤太咸怎么补救
021 巧炒丝瓜不变色
021 巧去苦瓜苦味
021 玉米水嫩的诀窍
022 巧存土豆
022 土豆丝变脆的妙招
022 巧存西红柿

Part2 叶菜类

024 白菜金针菇
024 泡椒白菜
024 白菜海带
025 酸辣白菜
025 虾仁木耳炒白菜
025 奶白菜炒山木耳
026 辣白菜
026 葱油白菜叶
027 虾米白菜
027 白蘑白菜叶
028 白菜炒竹笋
028 干椒炒白菜
029 炝汁白菜
029 醋熘白菜
030 黑木耳炒白菜梗
030 窝头炒圆白菜
030 白菜粉条丸子汤
031 清蒸娃娃菜
031 米椒蒸娃娃菜
031 白菜海带豆腐汤
032 木耳白菜油豆腐
032 白菜香菇炒山药
033 煲仔娃娃菜
033 芋头娃娃菜
034 香炒白菜
034 板栗煨白菜
034 白菜烧小丸子
035 一品白菜
035 娃娃菜蒸腊肉
035 枸杞白菜
036 蒜末粉丝娃娃菜
036 粉丝酸菜蒸娃娃菜
037 海味奶白菜
037 蒜蓉粉丝蒸娃娃菜
038 粉丝蒸白菜
038 蒜蓉娃娃菜
039 板栗扒白菜
039 白菜肉丝汤
040 豉椒蒸娃娃菜
040 白菜皮蛋汤
040 白菜粉丝豆腐
041 芥末拌菠菜粉丝

041 蒜蓉菠菜
041 陈醋菠菜花生仁
042 白菜虾仁
042 菠菜瓜子花生仁
043 上汤娃娃菜
043 四季豆香菇娃娃菜
044 菠菜拌粉条
044 包菜炒红椒
045 兰州泡菜
045 双椒泡菜
046 家常泡菜
046 野菇酱菠菜
047 上汤菠菜
047 木须小白菜
048 芝麻花生仁拌菠菜
048 菠菜拌核桃仁
048 胡萝卜拌菠菜
049 凉拌菠菜
049 蛤蜊拌菠菜
049 密制菠菜
050 特色菠菜
050 银耳菠菜
050 虾仁炒菜心
051 香辣菠菜
051 炝炒菠菜
051 菠菜炒鸡蛋
052 皮蛋菠菜汤
052 蒜蓉蒸菜心
052 黄豆拌小白菜
053 肉末炒小白菜
053 拆骨肉炒小白菜
053 芝麻炒小白菜
054 炝炒小白菜
054 油渣小白菜
054 梅菜蒸菜心
055 辣炒小白菜
055 针蘑炒小白菜
055 滑子菇扒小白菜
056 滑子菇小白菜肉丸
056 小白菜炝粉条
056 上汤菜心
057 小白菜炖芋头

057 蒜蓉广东菜心
057 花生枸杞菜心
058 小白菜烩豆腐
058 白灼广东菜心
059 双椒菜心
059 笋菇菜心汤
060 盐水菜心
060 牛肉油菜黄豆汤
061 红豆熘菜心
061 菜心炒黄豆
061 米椒广东菜心
062 油麦菜花生仁
062 酱拌油麦菜
062 生拌油麦菜
063 蒜片油麦菜
063 生炝油麦菜
063 葱油韭菜豆腐干
064 炝拌油麦菜
064 双冬扒油菜
065 上汤油菜
065 韭菜炒腐丝
066 酸辣油麦菜
066 麻酱油麦菜
066 红油油麦菜
067 小炒油麦菜
067 清炒油麦菜
068 辣炒油麦菜
068 山药条炒油麦菜
068 豆腐皮炒油菜
069 白果炒油菜
069 香菇扒油菜
069 韭菜炒豆腐
070 百合扒油菜
070 口蘑扒油菜
070 竹荪扒油菜
071 油菜牛方
071 蒜香油菜
071 虾米油菜玉米汤
072 韭菜炒豆腐皮
072 韭菜炒豆腐干
072 韭菜豆芽炒粉条
073 韭菜炒黄豆芽
073 韭菜炒核桃仁
073 芹菜炒香干
074 韭菜炒豆腐块
074 韭菜花炖猪血
075 韭菜腰花
075 玉米笋炒芹菜
076 清炒韭菜花
076 什锦拌菜
077 爽口西芹
077 西芹拌玉米
078 西芹拌花生仁
078 杏仁拌芹菜
078 西芹拌腐竹
079 芹菜白萝卜丝
079 芹菜炒金针菇
080 西芹炒山药
080 板栗炒西芹
080 芹菜炒黄豆
081 红油芹菜香干
081 西芹炒麻花
081 冰镇芥蓝
082 芹菜炒土豆
082 胡萝卜木耳炒芹菜
083 三果西芹
083 芥蓝拌核桃仁
084 葱油芥蓝
084 玉米芥蓝拌杏仁
085 姜汁芥蓝
085 白灼芥蓝
086 爽口芥蓝
086 芥蓝桃仁
086 盐水芥蓝
087 泡椒雪里蕻
087 清炒芥蓝
087 草菇扒芥蓝
088 年糕炒芥蓝
088 农家炒芥蓝
088 芥菜拌黄豆
089 芥蓝炒核桃仁
089 炝拌茼蒿
090 凉拌茼蒿
090 风味茼蒿
090 素炒茼蒿
091 雪里蕻拌椒圈
091 芥菜叶拌豆丝
092 莴笋炒雪里蕻
092 雪里蕻花生仁
093 雪里蕻炒蚕豆
093 雪里蕻炒豌豆
094 腊八豆炒空心菜梗
094 小白菜鲜肉汤
094 辣炒空心菜
095 豆豉炒空心菜梗
095 凉拌芦蒿
095 清炒芦蒿
096 辣炒肉丁
096 小白菜土豆煲排骨
097 芥菜黑鱼汤
097 风味空心菜梗
098 凉拌空心菜
098 川香芦蒿
098 虾酱空心菜

Part3 块根类

100 糖醋胡萝卜
100 土豆丝炒油渣
101 竹笋炒四季豆
101 干煸薯条
102 花生仁拌白萝卜
102 蒜苗炒白萝卜
102 鸡汁白萝卜片
103 辣拌菜
103 白萝卜拌海蜇
103 风味白萝卜片
104 香脆白萝卜
104 萝卜芥菜头泡菜
105 水焯双萝卜蘸酱
105 鸡蛋白萝卜丝
106 醋泡白萝卜
106 花生仁炒萝卜干
107 素三丝
107 松仁清蒸白萝卜丸
108 素炒三丁
108 辣椒炒萝卜干
108 香辣萝卜干
109 回香萝卜干
109 脆皮白萝卜丸
109 鸡汤白萝卜丝
110 双萝莴笋泡菜
110 回锅胡萝卜
111 泡三萝
111 胡萝卜炒粉丝
112 三色泡菜
112 葱香胡萝卜丝
112 胡萝卜炒豆芽
113 胡萝卜烩木耳
113 胡萝卜炒蛋
113 胡萝卜炒猪肝
114 地三鲜
114 蜜饯胡萝卜
114 蛋炒土豆
115 葱花芹菜炒土豆
115 风味土豆片
115 农家炒三片
116 土豆炒雪里蕻
116 土豆小炒肉
117 香辣腰果土豆条
117 沙茶薯条
118 拔丝土豆
118 香辣薯条
118 香葱土豆泥
119 土豆焖茄子
119 草菇焖土豆
119 乡村炖土豆丝
120 剁椒藕丝
120 荷塘小炒
120 如意小炒
121 葡萄干土豆泥
121 珊瑚藕丝
121 泡椒藕丝
122 双椒藕片
122 莲藕炒西芹
122 干煎糯米藕
123 洋葱排骨汤
123 糯米藕丸
123 南乳炒莲藕
124 乳香香芹炒脆藕
124 回锅莲藕
125 炒藕丁

125 老干妈藕夹
126 酥炸藕夹
126 酸辣藕丁
127 荷兰豆煎藕饼
127 啤酒藕
128 糯米甜藕
128 糯米莲藕
129 话梅山药
129 凉拌山药丝
130 糖水泡莲藕
130 橙汁山药
131 冰脆山药片
131 椰奶山药
132 梅子拌山药
132 冰晶山药
132 桂花山药
133 蒜薹炒山药
133 山药炒胡萝卜
133 枸杞山药牛肉汤
134 红油竹笋
134 银杏百合拌鲜笋
134 凉拌双笋
135 凉拌笋干
135 天目笋干
135 凉拌笋丝
136 茶油竹笋
136 手撕竹笋
136 香油竹笋
137 韭菜薹拌竹笋
137 银杏山药
138 黄花菜炒笋干
138 酸菜炒小笋
138 蒜薹玉米笋
139 荠菜炒冬笋
139 干煸冬笋
140 雪里蕻炖春笋
140 鲈鱼笋片汤
140 香椿莴笋丝
141 爽口莴笋丝
141 芥味莴笋丝
142 黑芝麻拌莴笋丝
142 香油莴笋丝
143 大刀笋片
143 姜汁莴笋
143 鸡汁脆笋
144 鲍汁扣笋尖
144 尖椒莴笋条
145 葱油莴笋条
145 香辣莴笋条
146 核桃仁拌莴笋丁
146 香油莴笋块
146 醉冬笋
147 酸辣莴笋
147 爽口莴笋条
148 莴笋拌腰豆
148 莴笋拌火腿
148 清炒莴笋丝
149 莴笋蒜薹
149 莴笋秀珍菇
149 炝莴笋条
150 干锅莴笋片
150 芦笋炒银耳
151 莴笋丝炒金针菇
151 三鲜扒芦笋
152 锦绣芋头
152 松仁芋头
153 双椒香芋
153 芋头烧肉
154 芦笋炒五花肉
154 上汤芦笋
154 XO酱蒸芋头
155 芋头烧鸡
155 烧芋头
155 芋头牛肉粉丝煲
156 火腿肠香芋丝
156 尖椒炖芋头
157 芋头南瓜煲
157 芋头排骨汤
158 香油玉米
158 沙拉玉米粒
158 芋头汤
159 玉米炒猪肉
159 芋头鸭煲
159 枸杞炒玉米
160 松仁鸡肉炒玉米
160 百合炒玉米
161 玉米炒葡萄干
161 蛋白炒玉米
162 椰汁芋头滑鸡煲
162 玉米炒黄瓜
163 玉米海鲜
163 金沙玉米粒
164 玉米炒芹菜
164 玉米炒蛋
165 玉米炒鸡丁
165 椒盐松仁玉米
166 玉米豆腐
166 香酥玉米
167 金针菇木耳拌茭白
167 茭白肉片
168 番茄酱马蹄
168 蒜味马蹄
168 虾米茭白粉条汤

Part4 瓜果类

170 辣炒黄瓜
170 黄瓜炒火腿
170 黄瓜炒木耳
171 番茄拌黄瓜
171 脆炒黄瓜皮
171 黄瓜炒口蘑
172 青椒炒黄瓜
172 黄瓜炒山药
172 黄瓜花生仁
173 香油苦瓜
173 菠萝苦瓜
173 水晶苦瓜
174 鲜果炒苦瓜
174 鲜辣苦瓜
175 清炒苦瓜
175 朝天椒煸苦瓜
176 银杏苦瓜
176 香辣苦瓜
177 西芹炒苦瓜
177 豆豉炒南瓜
178 葱白炒南瓜
178 红枣蒸南瓜
178 蜂蜜蒸老南瓜
179 紫苏炒苦瓜
179 酸菜炒苦瓜
179 豆豉炒苦瓜
180 南瓜百合
180 炖南瓜
180 果味冬瓜排
181 南瓜牛肉汤
181 南瓜排骨汤
181 南瓜虾皮汤
182 香菇冬瓜
182 橙汁冬瓜条
182 小炒茄子
183 西蓝花冬瓜
183 双椒炒茄子
183 拌冬瓜
184 麻酱冬瓜
184 雪里蕻冬瓜汤
185 双椒冬瓜
185 冬瓜瑶柱老鸭汤
186 蛏子炒茄子
186 冬瓜鸡蓉鹌鹑蛋
187 双椒炒茄盒
187 辣烧茄子
188 红烧茄子
188 番茄烧茄子
189 蒜烧茄子
189 酱烧茄子
190 蒜香茄子
190 蒜香茄泥
191 京扒茄子
191 五彩茄子
192 灯笼茄子
192 剁椒蒸茄子
192 麻酱茄子
193 凉拌虎皮椒
193 醋香茄子
194 蒜泥茄条
194 旱蒸茄子
195 湘味茄子煲
195 双椒蒸茄子
196 豉油杭椒
196 麻辣手撕茄
197 辣椒圈拌花生米
197 糖醋尖椒
198 豆豉炒尖椒
198 豉油辣椒圈
198 炒双椒
199 农家擂辣椒
199 虎皮杭椒
200 双椒肉末
200 番茄炒咸蛋
201 虎皮尖椒
201 番茄炒口蘑
202 洋葱番茄拌青椒
202 糖拌番茄
202 麻酱番茄

Part5 豆类

204 腌椒豇豆
204 酸辣豇豆
204 肉末豇豆
205 农家大碗双豆
205 沙钵豇豆
205 豇豆炒肉丁
206 豇豆烩茄子
206 豇豆肉末
207 鲜辣豇豆
207 橄榄菜炒豇豆
208 大碗豇豆
208 豇豆炒胡萝卜
208 豇豆炒茄丁
209 豇豆丝炒粉条
209 钵子豇豆
209 辣椒炒豇豆
210 豇豆焖茄条
210 红椒烩四季豆
211 双椒炒豆芽
211 葱花黄豆芽
211 金针菇炒豆芽
212 虎皮尖椒煮豇豆
212 木耳炒豆芽
213 辣炒豆芽
213 黄豆芽炒粉条
214 黄豆芽炒大肠
214 豌豆炒胡萝卜
215 豆芽拌菠菜
215 炒黄豆芽
216 炝炒黄豆芽
216 萝卜干拌豌豆
217 豌豆拌豆腐丁
217 农家小炒
217 豌豆炒黄豆
218 豌豆炒玉米
218 百合豌豆
218 素炒豌豆
219 萝卜干炒豌豆
219 豌豆炒香菇
220 红椒四季豆
220 干煸四季豆
221 豌豆炒腊肉
221 豌豆冬瓜汤
222 豌豆炒肉
222 素炒荷兰豆
223 清炒荷兰豆
223 蒜蓉拌荷兰豆
224 豌豆牛肉粒
224 清炒四季豆

PART1

烹饪方法、蔬菜巧处理

烹饪方法有很多，如熘、炒、蒸、煮、炸等，掌握了这些烹饪方法，我们可以根据食材的特性灵活应用。这样既可以让营养更丰富，也可以让味道更鲜美。本章节将教您各种烹饪方法的操作要领，让您应用自如。

拌

拌是一种冷菜的烹饪方法，操作时把生的原料或晾凉的熟料切成丝、条、片、丁、块等形状，再加入各种调味料，拌匀即可。

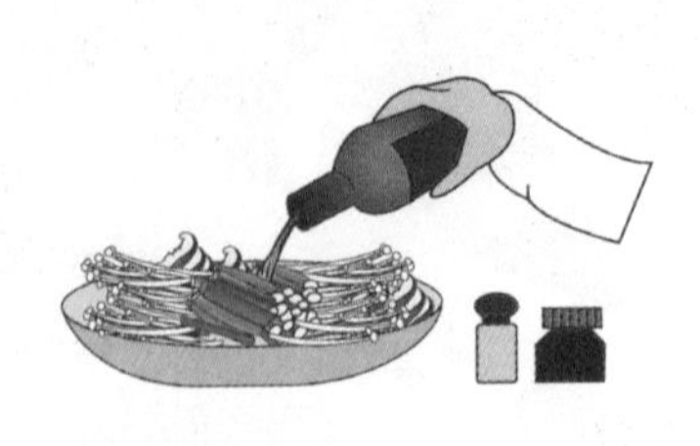

❶ 将原材料洗净，根据其属性切成丝、条、片、丁或块，放入盘中。

❷ 原材料放入沸水中焯烫一下捞出，再放入凉开水中凉透，控净水后装盘。

❸ 将蒜、葱等洗净，并添加食盐、香醋、香油等调味料，浇在盘内菜上，拌匀即成。

腌是一种冷菜烹饪方法，是指将原材料放在调味卤汁中浸渍，或用调味品涂抹、拌和原材料，使其部分水分排出，从而使味汁渗入其中。

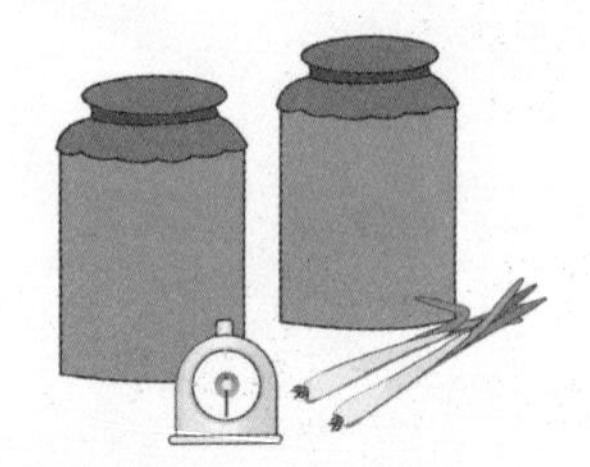

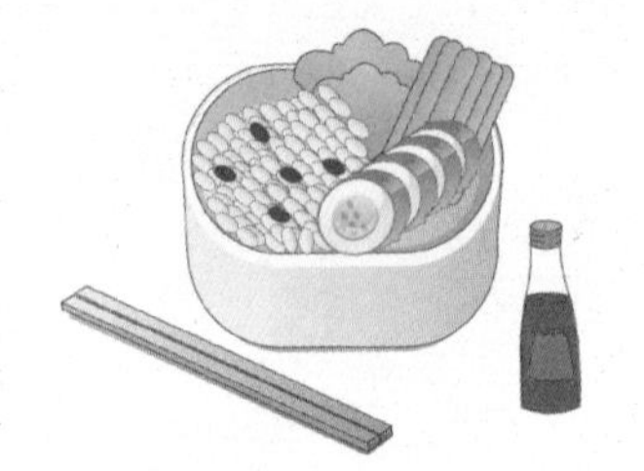

❶ 将原材料洗净，控干水分，根据其属性切成丝、条、片、丁或块。

❷ 锅中加卤汁调味料煮开，凉后倒入容器中。将原料放入容器中密封，腌7~10天即可。

❸ 食用时可依个人口味加入辣椒油、白糖、味精等调味料。

卤是一种冷菜烹饪方法，指经加工处理的大块或完整原料，放入调好的卤汁中加热煮熟，使卤汁的香鲜滋味渗透进原材料的烹饪方法。调好的卤汁可长期使用，而且越用越香。

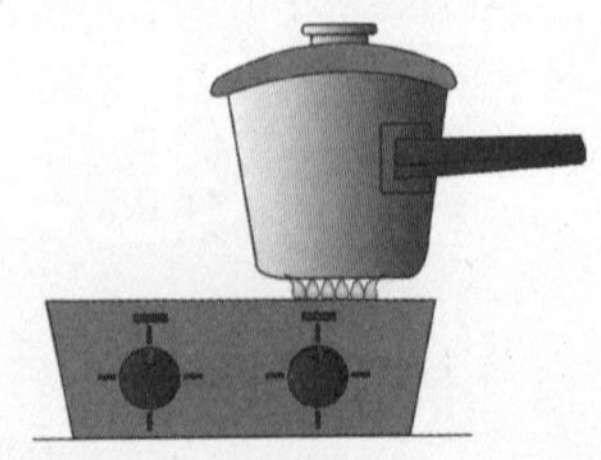

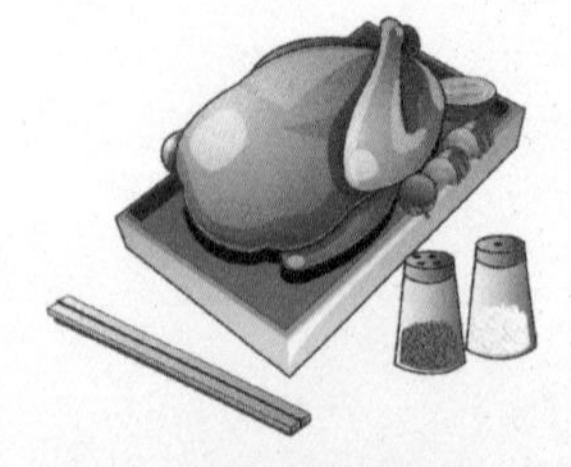

❶ 将原材料洗净，入沸水中汆烫以排污除味，捞出后控干水分。

❷ 将原材料放入卤水中，小火慢卤，使其充分入味，卤好后取出，晾凉。

❸ 将卤好晾凉的原材料放入容器中，加入蒜蓉、味精、老抽等调味料拌匀，装盘即可。

炒是最广泛使用的一种烹调方法，以油为主要导热体，将小型原料用中旺火在较短时间内加热成熟，并调味成菜的烹饪方法。

❶ 将原材料洗净，切好备用。

❷ 锅烧热，加底油，用葱、姜末炝锅。

❸ 放入加工成丝、片、块状的原材料，直接用大火翻炒至熟，调味装盘即可。

操作要点

1. 炒的时候，油量的多少一定要视原料的多少而定。
2. 操作时，一定要先将锅烧热，再下油，一般将油锅烧至六七成热为佳。
3. 火力的大小和油温的高低要根据原料的材质而定。

熘是一种热菜烹饪方法，在烹调中应用较广。它是先把原料经油炸或蒸煮、滑油等预热加工使成熟，再把成熟的原料放入调制好的卤汁中搅拌，或把卤汁浇在成熟的原料上。

❶ 将原材料洗净，切好备用。

❷ 将原材料经油炸或滑油等预热加工使成熟。

❸ 将调制好的卤汁放入成熟的原材料中搅拌，装盘即可。

操作要点

1. 熘汁一般都是用淀粉、调味品和高汤勾兑而成，烹制时可以将原料先用调味品拌腌入味后，再用蛋清、团粉挂糊。
2. 熘汁的多少与主要原材料的分量多少有关，而且最后收汁时最好用小火。

烧是烹调中国菜肴的一种常用技法，先将主料进行一次或两次以上的预热处理之后，放入汤中调味，大火烧开后以小火烧至入味，再用大火收汁成菜的烹调方法。

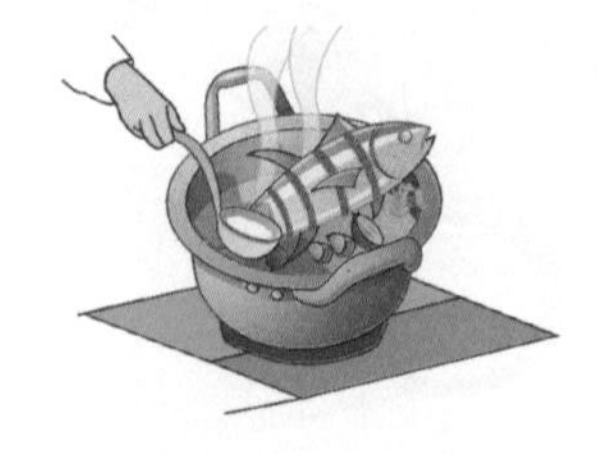

❶ 将原料洗净，切好备用。

❷ 将原料放入锅中加水烧开，加入调味料，改小火烧至入味。

❸ 用大火收汁，调味后，起锅装盘即可。

操作要点

1. 所选用的主料多是经过油炸煎炒或蒸煮等熟处理的半成品。
2. 所用的火力以中小火为主，加热时间的长短依据原料的老嫩和大小而不同。
3. 汤汁一般为原料的四分之一左右，烧制后期转旺火勾芡或不勾芡。

焖是从烧演变而来的，是将加工处理后的原料放入锅中加适量的汤水和调料，盖紧锅盖烧开后改用小火进行较长时间的加热，待原料酥软入味后，留少量味汁成菜的烹饪方法。

❶ 将原材料洗净，切好备用。

❷ 将原材料与调味料一起炒出香味后，倒入汤汁。

❸ 盖紧锅盖，改中小火焖至熟软后改大火收汁，装盘即可。

操作要点

1. 要先将洗好、切好的原料放入沸水中焯熟或入油锅中炸熟。
2. 焖时要加入调味料和足量的汤水，以没过原料为好，而且一定要盖紧锅盖。
3. 一般用中小火较长时间加热焖制，以使原料酥烂入味。

蒸

蒸是一种重要的烹调方法，其原理是将原料放在容器中，以蒸汽加热，使调好味的原料成熟或酥烂入味。其特点是保留了菜肴的原形、原汁、原味。

❶ 将原材料洗净，切好备用。

❷ 将原材料用调味料调好味，摆于盘中。

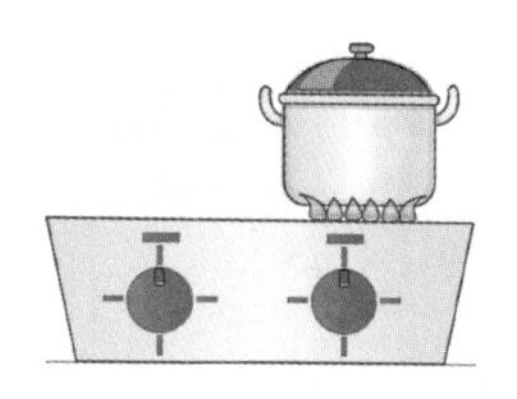

❸ 将其放入蒸锅，用大火蒸熟后取出即可。

操作要点

1. 蒸菜对原料的形态和质地要求严格，原料必须新鲜、气味纯正。
2. 蒸时要用大火，但精细材料要用中火或小火。
3. 蒸时要让蒸笼盖稍留缝隙，可避免蒸汽在锅内凝结成水珠流入菜肴中。

炸是油锅加热后，放入原料，以食油为介质，使其成熟的一种烹饪方法。采用这种方法烹饪的原料，一般要间隔炸两次才能酥脆。炸制菜肴的特点是香、酥、脆、嫩。

❶ 将原材料洗净，切好备用。

❷ 将原材料腌渍入味或用水淀粉搅拌均匀。

❸ 净锅注油烧热，放入原材料炸至焦黄，捞出控油，装盘即可。

操作要点

1. 用于炸的原料在炸前一般需用调味品腌渍，炸后往往随带辅助调味品上席。
2. 炸最主要的特点是要用大火，而且用油量要多。
3. 有些原料需经拍粉或挂糊再入油锅炸熟。

炖是指将原材料加入汤水及调味品，先用大火烧沸，然后转成中小火长时间烧煮的烹调方法。炖出来的汤的特点是：滋味鲜浓、香气醇厚。

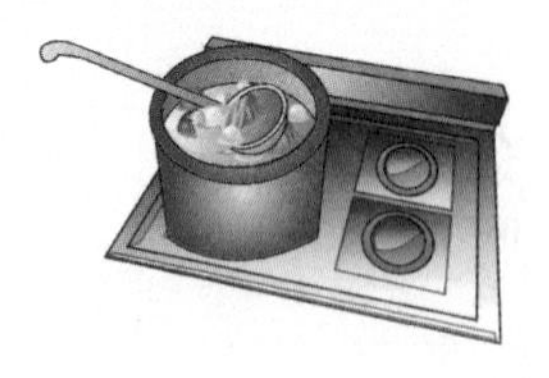

❶ 将原材料洗净，切好，入沸水锅中汆烫。

❷ 锅中加适量清水，放入原材料，大火烧开，再改用小火慢慢炖至酥烂。

❸ 最后加入调味料即可。

操作要点

1. 大多原材料在炖时不能先放咸味调味品，特别是不能放食盐，因为食盐的渗透作用会严重影响原料的酥烂，延长加热时间。
2. 炖时，先用大火煮沸，撇去泡沫，再用小火炖至酥烂。
3. 炖时要一次加足水量，中途不宜加水掀盖。

煮是将原材料放在多量的汤汁或清水中，先用大火煮沸，再用中火或小火慢慢煮熟。煮不同于炖，煮比炖的时间要短，一般适用于体小、质软类的原材料。

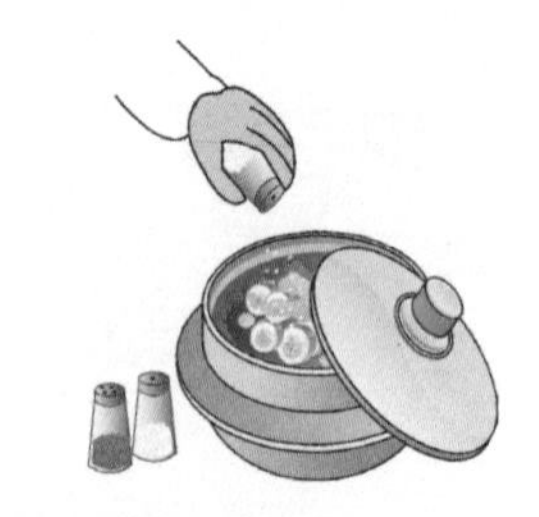

❶ 将原材料洗净，切好。

❷ 油烧热，放入原材料稍炒，注入适量的清水或汤汁，以大火煮沸，再用中火煮至熟。

❸ 最后放入调味料即可。

操作要点

1. 煮时不要过多地放入葱、姜、料酒等调味料，以免影响汤汁本身的原汁原味。
2. 不要过早过多地放入老抽，以免汤味变酸，颜色变暗发黑。
3. 忌让汤汁大滚大沸，以免肉中的蛋白质分子运动激烈使汤变浑浊。

煲就是将原材料用小火煮，慢慢地熬。煲汤往往选择富含蛋白质的动物原料，一般需要3小时左右。

❶ 先将原材料洗净，切好备用。

❷ 将原材料放入锅中，加足冷水，用大火煮沸，改用小火持续20分钟，加入姜和料酒等调料。

❸ 待水再沸后用中火保持沸腾3～4小时，浓汤呈乳白色时即可。

操作要点

1. 中途不要添加冷水，因为正加热的肉类遇冷收缩，蛋白质不易溶解，汤便失去了原有的鲜香味。

2. 不要太早放入食盐，因为早放食盐会使肉中的蛋白质凝固，从而使汤色发暗，浓度不够，外观不美。

烩是指将原材料油炸或煮熟后改刀，放入锅内加辅料、调料、高汤烩制的烹饪方法，这种方法多用于烹制鱼虾、肉丝、肉片等。

❶ 将所有原材料洗净，切块或切丝。

❷ 炒锅注油烧热，将原材料略炒，或汆水之后加适量清水，再加入调味料，用大火煮片刻。

❸ 然后以芡汁勾芡，搅拌均匀即可。

操作要点

1. 烩菜对原料的要求比较高，多以质地细嫩柔软的动物性原料为主，以脆鲜嫩爽的植物性原料为辅。

2. 烩菜原料均不宜在汤内久煮，多经焯水或过油，有的原料还需上浆后再进行初步熟处理。一般以汤沸即勾芡为宜，以保证成菜的鲜嫩。

凋萎蔬菜返鲜法

1. 往水中倒入一些醋。

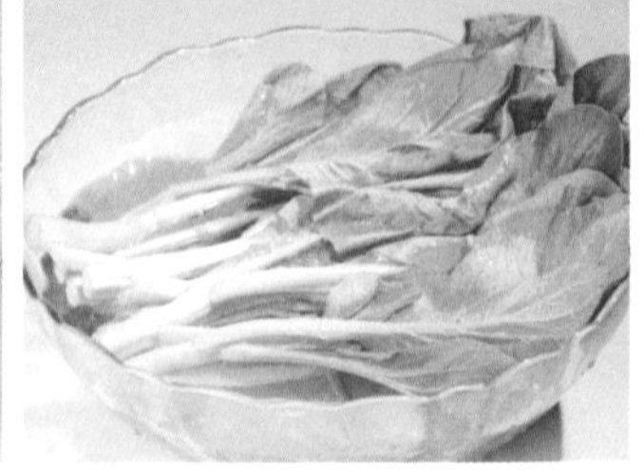

2. 将蔬菜浸泡于稀释的醋水里。

3. 在醋的酸性环境中，可以抑制果胶物质的水解，可以使蔬菜形态饱满挺实，质地脆嫩。

巧除蔬菜残留农药

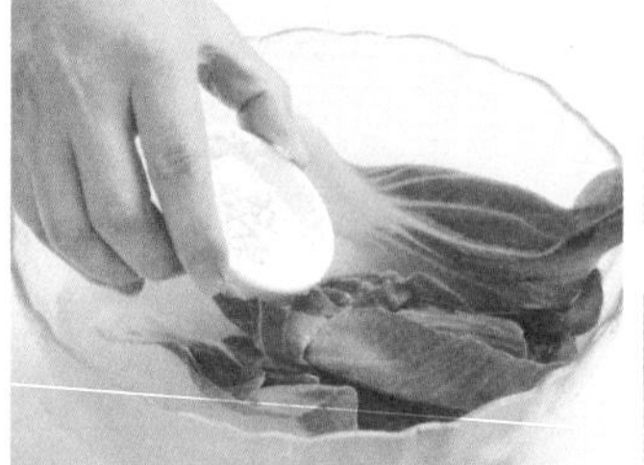

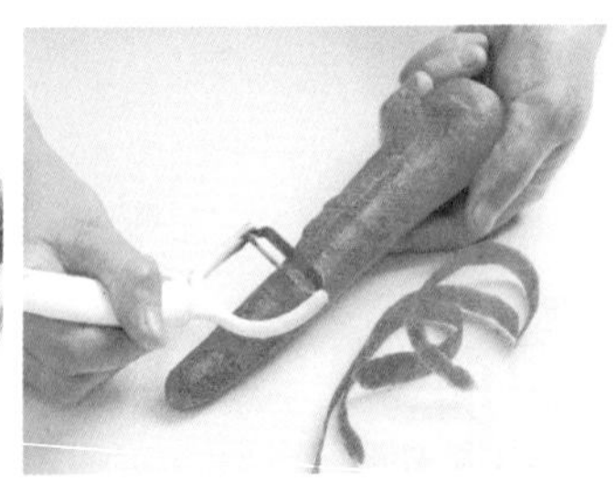

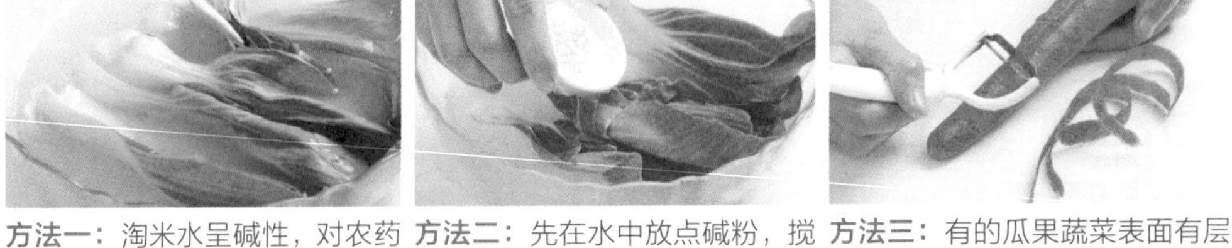

方法一：淘米水呈碱性，对农药有解毒作用，将蔬菜放在淘米水中泡5～10分钟，再用清水洗净。

方法二：先在水中放点碱粉，搅拌后放入蔬菜，浸泡一会儿后用流动的清水冲洗3～5分钟。

方法三：有的瓜果蔬菜表面有层蜡质，易吸收农药，对能去皮的蔬菜可先削皮，再用清水漂洗。

芹菜保鲜法

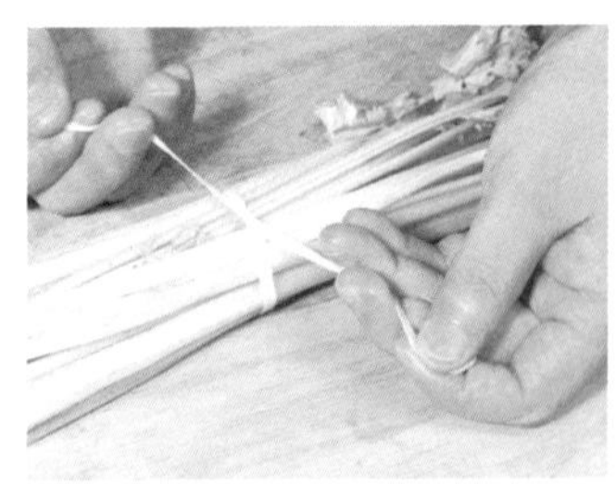

1. 将新鲜、整齐的芹菜捆好。

2. 用保鲜袋或保鲜膜将芹菜茎叶部分包严。

3. 将芹菜根部朝下竖放在清水盆中。

巧炒脆嫩青菜

1. 将青菜洗净切好后，撒上少量盐拌和，稍腌几分钟。

2. 沥干青菜的水分。

3. 下锅烹炒。这样炒出来的青菜脆嫩清鲜。

巧除包菜的异味

1. 取包菜和甜面酱。

2. 烹饪包菜时，以甜面酱代替酱油，包菜就没有异味了。

3. 如果在烹调中配上葱或韭菜，味道则更加清香可口。

巧防白萝卜糠心

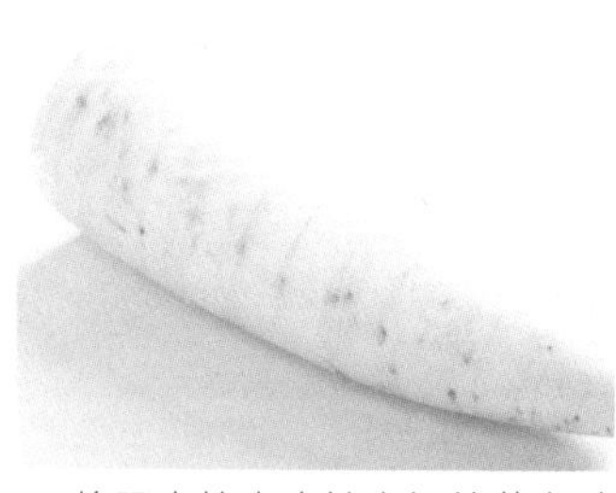

1. 将买来的表皮较完好的萝卜晾至表皮阴干。

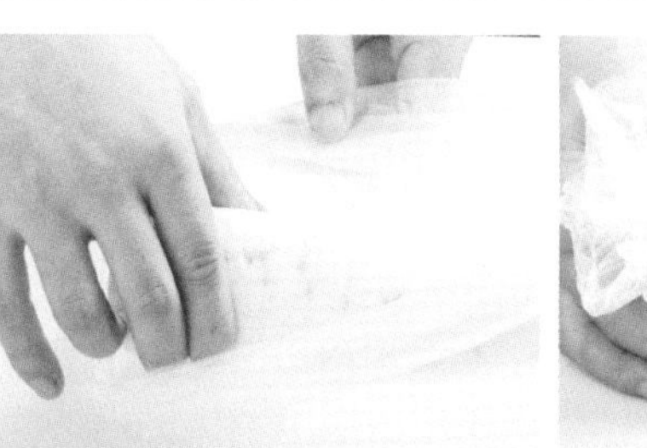

2. 装进不透气的塑料袋里。

3. 扎紧口袋密封，置于阴凉处储存，2个月后食用也不会糠心。

汤太咸怎么补救

1. 如做丝瓜肉片汤时，不小心食盐放得太多，汤太咸了该怎么办？

2. 将小布袋装进少许面粉后放入汤中煮，咸味很快就会被吸收进去，汤自然就变淡了。

3. 或者把一个洗净去皮的生土豆放入汤内煮5分钟，汤亦会变淡。

妙炒茄子

1. 炒茄子时，滴几滴醋，茄子便不会变黑。

2. 炒茄子时，滴入几滴柠檬汁，可使茄子肉质变白。

3. 用以上两种方法炒出来的茄子既好看，又好吃。

烹调美味西蓝花

1. 西蓝花掰成小朵。

2. 在做之前，可将其放在盐水里浸泡几分钟。

3. 在盐水里滴入几滴油，可保持其鲜丽色泽。吃时要多嚼几次，才更有利于营养的吸收。

巧炒丝瓜不变色

1. 刮去丝瓜外面的老皮，洗净。

2. 将丝瓜切成小块。

3. 烹调丝瓜时滴入少许白醋，这样就可保持丝瓜的青绿色泽和清淡口味了。

巧去苦瓜苦味

1. 把苦瓜切成片。

2. 用盐稍腌片刻。

3. 再用冷水清洗即可去除苦瓜的苦味。

玉米水嫩的诀窍

1. 把玉米剥去皮后洗干净。

2. 锅中加入冷水，玉米放入锅中煮，水开后再煮5分钟，玉米煮熟后放置3分钟再把玉米捞出。

3. 把冰块放入盆中，玉米捞出放入冰水里浸泡1分钟后捞出，这样就可以保持玉米的水嫩新鲜。

巧存土豆

1. 将土豆放在旧纸箱中。

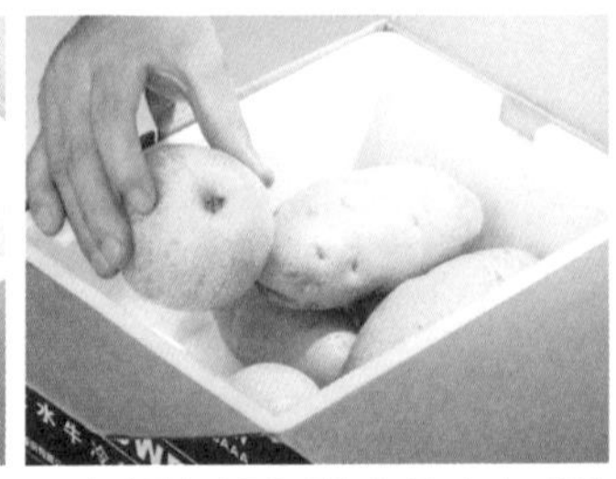

2. 在纸箱中同时放入几个未成熟的苹果，苹果释放的乙烯气体可使土豆长期保鲜。

3. 封好纸箱即可。

土豆丝变脆的妙招

1. 先将土豆去皮切成细丝。

2. 放在冷水中浸泡1小时。

3. 捞出土豆丝沥水，入锅爆炒，加适量调味料，起锅装盘。这样炒出来的土豆丝清脆爽口。

巧存西红柿

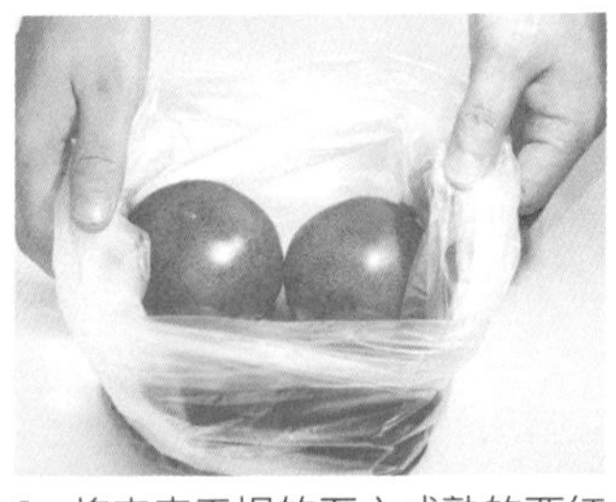

1. 将表皮无损的五六成熟的西红柿装入塑料袋中。

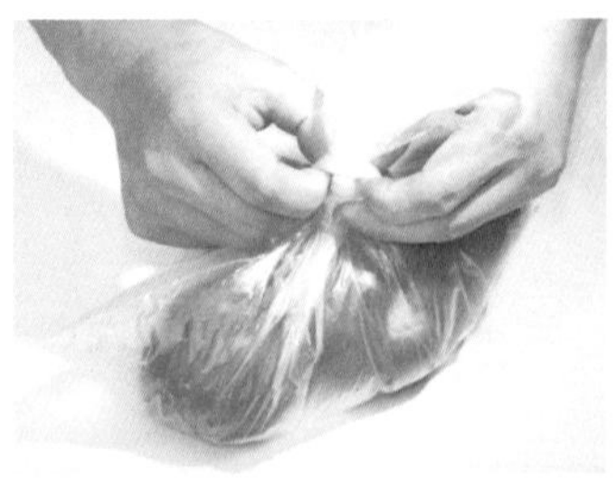

2. 扎紧袋口，放置在阴凉通风处。

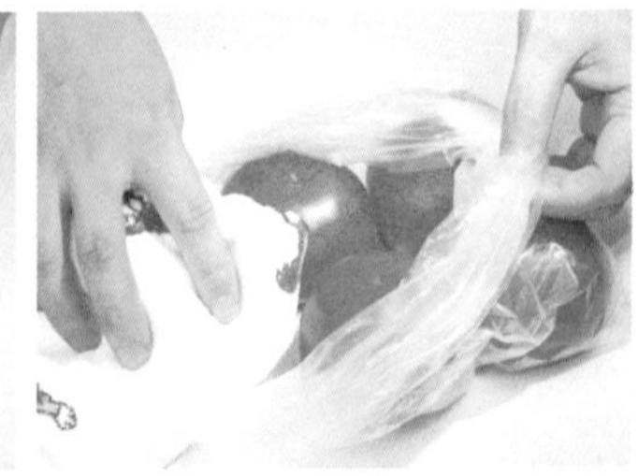

3. 每天打开袋口5分钟，擦去袋内壁的水汽，再扎紧袋口。用此法可贮存1个月以上。

PART2

叶菜类

叶菜类蔬菜是以叶片或叶茎作为食用部分的蔬菜。叶菜类蔬菜含有丰富的叶绿素，此乃造血原料，且维生素C的含量比水果多得多，是餐桌上必不可少的佳肴。本章节为您介绍的叶菜类蔬菜的菜式，做法多样，有凉拌、热炒、蒸煮、汤煲等，而且操作简单，让您轻松做出既营养又美味的菜肴。

白菜金针菇

材料

白菜350克，金针菇100克，水发香菇20克，红辣椒10克

调味料

食盐3克，鸡精2克，花生油适量

制作方法

1. 白菜洗净，撕大片；香菇洗净切块；金针菇去尾，洗净；红辣椒洗净，切丝备用。
2. 锅中倒油加热，先后下香菇、金针菇、白菜翻炒。
3. 最后加入食盐和鸡精，炒匀装盘，撒上红辣椒丝即可。

泡椒白菜

材料

娃娃菜400克，红、绿泡椒各15克

调味料

食盐3克，味精2克，香油10毫升

制作方法

1. 娃娃菜洗净，竖切成条，入水焯熟，捞出沥干水分，装盘。
2. 将味精、食盐及香油倒在娃娃菜上，拌匀。
3. 最后将红、绿泡椒撒在娃娃菜上即可。

白菜海带

材料

白菜500克，海带100克，红椒适量

调味料

食盐3克，味精3克，水淀粉10克，香油8毫升，花生油各适量

制作方法

1. 海带洗净切丝；白菜洗净切成大片；红椒洗净切圈。
2. 锅中注油烧热，入白菜拌炒，再入海带、红椒圈、水淀粉外的调味料及少许清水。
3. 待煮开，用水淀粉勾芡，淋入香油即可。

酸辣白菜

材料

白菜500克，青椒片适量

调味料

干辣椒、鸡精、食盐、米醋、花生油、花椒油各适量

制作方法

1. 白菜洗净，取梗部切菱形片；干辣椒洗净，切段。
2. 油锅烧热，下入干辣椒、青椒片爆香。
3. 再放入白菜梗，炒至白菜变软时，加入食盐、鸡精、米醋炒匀，淋入花椒油即可。

虾仁木耳炒白菜

材料

白菜300克，黑木耳20克，虾仁40克

调味料

食盐3克，鸡精2克，料酒5毫升

制作方法

1. 白菜洗净，斜切片；黑木耳、虾仁泡发，洗净，将黑木耳切小块。
2. 锅中注油烧热，下入虾仁、黑木耳，加入白菜片炒熟。
3. 最后加入食盐、鸡精和料酒，炒匀即可。

奶白菜炒山木耳

材料

奶白菜250克，山木耳40克，红椒100克

调味料

食盐4克，味精2克，花生油适量

制作方法

1. 奶白菜洗净切段；山木耳泡发，洗净切小块；红椒去籽，洗净切片。
2. 锅中倒油烧热，下山木耳和红椒翻炒，加入奶白菜，快速翻炒。
3. 最后加入食盐和味精，炒匀即可。

辣白菜

材料

白菜600克，胡萝卜、苹果、梨、香菜各适量

调味料

干辣椒粉40克，姜、蒜、葱、食盐、白糖各适量

制作方法

1. 白菜洗净，竖切条，用食盐腌渍2小时后洗净，沥干水分。
2. 胡萝卜洗净切丝，姜、葱、蒜切末，苹果和梨切小丁，所有调味料拌匀腌渍后抹在白菜叶上。
3. 白菜同剩余腌料置入密闭容器中，放入冰箱冷藏一周。一周后可加入葱丝和香菜，装盘食用。

葱油白菜叶

材料

白菜叶350克，红辣椒10克

调味料

葱10克，食盐4克，生抽20毫升，米醋10毫升，味精2克

制作方法

1. 白菜叶洗净，撕成小片，入水焯至断生，捞出沥干晾凉。
2. 葱洗净切段；辣椒洗净，部分切丝，剩余切片。
3. 将生抽、食盐、米醋、味精调成味汁，淋在白菜叶上，最后撒上葱段和辣椒即可。

虾米白菜

材料

白菜心300克，虾米15克，香菜梗20克

调味料

米醋、白糖、食盐、水淀粉、香油、料酒、味精、姜丝、葱末、花生油、高汤各适量

制作方法

❶ 将白菜去叶留帮，洗净切成块；虾米发好洗净。

❷ 炒锅注油，上火烧热，放入香菜梗、虾米、姜丝、葱末、白菜适度煸炒，加入米醋稍烹一下，放入白糖，添少许高汤，加入食盐、料酒、味精稍煨一会儿。

❸ 用水淀粉勾芡，淋入香油出锅即可。

白蘑白菜叶

材料

白菜叶350克，干白蘑80克，红辣椒30克

调味料

食盐3克，鸡精1克，蚝油、料酒各5毫升，花生油适量

制作方法

❶ 白菜叶洗净，撕成小块；白蘑泡发洗净，入水汆烫，捞出沥干水分；红辣椒洗净，去籽，切片。

❷ 锅中倒油加热，下白蘑翻炒至七成熟，倒入白菜和红辣椒翻炒。

❸ 最后加入食盐、鸡精、蚝油和料酒，炒匀，装盘即可。

白菜炒竹笋

材料

白菜250克，竹笋100克，水发香菇100克，青、红辣椒各30克

调味料

食盐4克，生抽10毫升，鸡精2克，红油、花生油各少许

制作方法

1. 白菜洗净，切块；竹笋洗净，切丝；香菇洗净，切块；青、红椒洗净，去籽，切丝备用。
2. 锅中倒油加热，先后下竹笋、香菇、白菜，迅速翻炒。
3. 加入青、红辣椒等调味料，炒匀即可。

干椒炒白菜

材料

白菜500克

调味料

干辣椒25克，米醋6毫升，白糖8克，食盐3克，姜末10克，老抽10毫升，料酒5毫升，淀粉5克，花生油适量

制作方法

1. 白菜洗净，用刀切成大条；干红辣椒洗净切段。
2. 油烧热，放入干辣椒炸至变色，下入姜末及白菜，快炒后加入米醋、老抽、白糖、食盐、料酒、味精调味。
3. 煸炒至白菜呈金黄色时，勾芡，出锅装盘即成。

炝汁白菜

材料

白菜400克

调味料

食盐4克，味精2克，老抽8毫升，香油、花生油、干辣椒、姜末各适量

制作方法

1. 白菜洗净，放入开水中稍烫，捞出，沥干水分，切成条，放入容器。
2. 油锅烧热，放入姜末煸出香味，加入干辣椒，加入食盐、味精、老抽、香油炒匀。
3. 将炒好的汁浇在白菜上，搅拌均匀，装盘即可。

醋熘白菜

材料

白菜400克，青、红椒各10克

调味料

米醋15克，干辣椒10克，食盐4克，老抽5毫升，红油少许，花生油适量

制作方法

1. 白菜洗净，斜切片；青、红椒洗净切片；干辣椒切丝备用。
2. 锅中注油加热，下白菜快速翻炒，加入醋和青、红椒。
3. 最后加入干辣椒、食盐、老抽和红油炒匀，装盘即可。

黑木耳炒白菜梗

材料

白菜梗300克，黑木耳40克，红椒50克

调味料

食盐4克，味精2克，淀粉10克，花生油适量

制作方法

1. 白菜梗洗净，斜切片；黑木耳泡发，洗净，撕小块；红椒去籽，洗净切片。
2. 锅中注油烧热，下入黑木耳和红椒翻炒，加入白菜梗，炒熟。
3. 加入食盐、味精，用水淀粉勾芡，炒匀即可。

窝头炒圆白菜

材料

圆白菜400克，熟窝头2个

调味料

食盐4克，干辣椒20克，鸡精2克，花生油适量

制作方法

1. 圆白菜洗净切块；窝头切三角形薄片；干辣椒洗净备用。
2. 锅中注油烧热，先后放入干辣椒和窝头片，翻炒，加入圆白菜炒熟。
3. 最后加入食盐和鸡精调味即可。

白菜粉条丸子汤

材料

白菜200克，肉丸150克，水发粉条25克

调味料

食盐4克，老抽少许，葱花、姜片各2克，色拉油适量

制作方法

1. 将白菜洗净撕成块；肉丸稍洗；水发粉条洗净切段备用。
2. 汤锅上火倒入色拉油，将葱花、姜片爆香，烹入老抽，下入白菜煸炒，倒入清水，调入食盐，下入肉丸、水发粉条煲至熟即可。

清蒸娃娃菜

材料

娃娃菜500克，干虾仁30克

调味料

食盐4克，鸡精3克，淀粉8克

制作方法

1. 娃娃菜洗净，沥干水分，切条，装盘备用；干虾仁泡发，撒在娃娃菜上。
2. 淀粉加水，加入食盐和鸡精，调匀浇在娃娃菜和虾仁上。
3. 将盘子置于蒸锅中蒸5分钟即可。

米椒蒸娃娃菜

材料

娃娃菜600克，米椒50克，红椒适量

调味料

食盐4克，味精2克，生抽15毫升，蒜20克，葱适量

制作方法

1. 娃娃菜洗净，沥干水分，装盘备用；米椒洗净切末，撒在娃娃菜上。
2. 蒜、葱、红椒洗净切末，放入用食盐、味精、生抽调成的味汁，调匀后浇在娃娃菜上。
3. 将盘子置于蒸锅中蒸5分钟即可。

白菜海带豆腐汤

材料

白菜200克，海带结80克，豆腐55克

调味料

高汤、食盐各少许，味精3克

制作方法

1. 将白菜洗净撕成小块；海带结洗净；豆腐切块备用。
2. 炒锅上火加入高汤，下入白菜、豆腐、海带结，调入食盐、味精，煲至熟即可。

木耳白菜油豆腐

材料

黑木耳、白菜各200克，油豆腐、胡萝卜各100克，青椒块、红椒块各20克

调味料

老抽、香醋各3毫升，白糖、食盐各3克，鸡精1克，花生油适量

制作方法

1. 黑木耳泡发，洗净，撕成片；白菜洗净，撕成片；油豆腐、胡萝卜洗净，切片。
2. 净锅注油烧热，放入白菜片、油豆腐炒至微软，倒入老抽、白糖、香醋，倒入黑木耳、胡萝卜、青椒、红椒，翻炒。
3. 加入食盐、鸡精炒匀，出锅即可。

白菜香菇炒山药

材料

白菜250克，香菇40克，山药100克，青、红椒各40克

调味料

食盐4克，老抽5毫升，味精2克，花生油适量

制作方法

1. 白菜洗净，竖切条；香菇泡发，洗净切丝；山药去皮，洗净，切丝；青、红椒洗净，去籽，切丝。
2. 锅中倒油烧热，倒入香菇和山药翻炒，加入白菜和青、红椒丝炒熟。
3. 最后加入食盐、老抽和味精，炒匀即可。

煲仔娃娃菜

材料

娃娃菜500克，五花肉100克，红椒50克，豆豉25克

调味料

食盐4克，味精2克，葱10克，料酒5毫升，生抽5毫升，花生油适量

制作方法

❶ 娃娃菜洗净，竖切条；五花肉洗净，切薄片，加入少量食盐、生抽、料酒腌渍片刻；红椒洗净切圈；葱洗净，切花备用。

❷ 炒锅中注油烧热，下五花肉煸炒至变色，加入豆豉、娃娃菜和红椒圈炒熟。

❸ 最后加入食盐、味精炒匀。出锅后撒上葱花即可。

芋头娃娃菜

材料

娃娃菜300克，芋头300克，青、红椒各适量

调味料

食盐5克，鸡精3克，淀粉适量

制作方法

❶ 娃娃菜洗净切成6瓣，装盘；芋头去皮洗净，摆在娃娃菜周围。

❷ 青、红椒洗净，红椒部分切丝，撒在娃娃菜上；剩余红椒连同青椒切丁，摆在芋头上。

❸ 淀粉加水，调入食盐和鸡精，搅匀浇在盘中，入锅蒸15分钟即可。

香炒白菜

材料

白菜梗400克，红辣椒10克

调味料

花椒5克，食盐4克，生抽5毫升，味精2克，生姜10克，花生油适量

制作方法

1. 白菜梗洗净，竖切条；生姜去皮洗净切丝；红辣椒去籽，洗净切丝。
2. 锅中注油烧热，倒入花椒、姜丝和红辣椒丝，加入白菜梗，翻炒至断生。
3. 加入食盐、味精、生抽，炒匀即可。

板栗煨白菜

材料

白菜200克，板栗50克

调味料

葱、姜、食盐、鸡汤、水淀粉、料酒、花生油、味精各适量

制作方法

1. 白菜洗净，切段，用开水煮透，捞出；葱洗净切段；姜洗净切片；板栗煮熟，剥去壳。
2. 净锅上火，注油烧热，将葱段、姜片爆香，下入白菜、板栗炒匀，加入鸡汤，煨入味后勾芡，加入料酒、味精、食盐，炒匀即可出锅。

白菜烧小丸子

材料

白菜叶400克，猪肉丸子200克

调味料

食盐4克，老抽8毫升，味精2克，葱20克，淀粉、花生油各适量

制作方法

1. 白菜叶洗净切段；葱洗净，切末；淀粉加水拌匀备用。
2. 锅中注油加热，下入白菜叶炒熟，倒入肉丸，加适量清水烧熟。
3. 加入老抽、食盐、味精调味，最后倒入水淀粉勾芡，出锅后撒上葱末即可。

一品白菜

材料

白菜400克，虾干100克，咸肉100克

调味料

食盐少许，味精1克，上汤适量

制作方法

1. 白菜洗净，改刀切条；咸肉切片。
2. 白菜中拌入食盐、味精，整齐地码于盘中，铺上虾干、咸肉，浇上上汤。
3. 上笼以大火蒸熟即可。

娃娃菜蒸腊肉

材料

娃娃菜600克，腊肉50克，红椒适量

调味料

食盐5克，味精2克，高汤适量

制作方法

1. 娃娃菜洗净沥干，竖切成6瓣，装盘备用；腊肉洗净切薄片，摆在娃娃菜上；红椒去籽，洗净切圈，摆在腊肉上。
2. 将食盐、味精放入高汤中搅匀，浇在盘中。
3. 将盘子放入蒸锅中蒸7分钟即可。

枸杞白菜

材料

白菜500克，枸杞20克

调味料

食盐3克，鸡精3克，上汤适量，水淀粉15克

制作方法

1. 将白菜洗净切片；枸杞入清水中浸泡后洗净。
2. 锅中倒入上汤烧开，放入白菜煮至软，捞出放入盘中。
3. 汤中放入枸杞，加入食盐、鸡精调味，勾芡，淋在白菜上即可。

蒜末粉丝娃娃菜

材料

娃娃菜500克，粉丝100克，红椒30克

调味料

蒜50克，葱20克，食盐4克，鸡精2克，高汤适量

制作方法

1. 粉丝泡发洗净，装盘；娃娃菜洗净，切四瓣，置于粉丝上；蒜去皮，洗净切末，撒在娃娃菜上；红椒、葱洗净，切末备用。
2. 食盐和鸡精加入高汤中，调匀，淋在娃娃菜和蒜末上。
3. 将娃娃菜放入蒸锅中蒸10分钟，出锅时撒上葱末和红椒末即可。

粉丝酸菜蒸娃娃菜

材料

娃娃菜400克，粉丝200克，酸菜80克，红椒20克

调味料

葱15克，食盐3克，生抽5毫升，蚝油5毫升，红油20毫升

制作方法

1. 娃娃菜洗净，切成四瓣，装盘；粉丝泡发，洗净，置于娃娃菜上；酸菜洗净切末，置于粉丝上；红椒、葱洗净切末，撒在酸菜上。
2. 食盐、生抽、蚝油、红油调成味汁，淋在娃娃菜上。
3. 将盘子置于蒸锅中，蒸8分钟即可。

海味奶白菜

材料

奶白菜400克，腊肉50克，竹笋50克，香菇20克，虾仁20克

调味料

高汤适量

制作方法

1. 奶白菜洗净沥干，竖切成4瓣，装盘；腊肉洗净切片；香菇泡发，洗净切块；虾仁泡发洗净；竹笋洗净，切丝。
2. 将腊肉、香菇、虾仁、竹笋摆在奶白菜上；将高汤均匀地浇在盘中。
3. 将奶白菜放入蒸锅蒸8分钟即可。

蒜蓉粉丝蒸娃娃菜

材料

粉丝、娃娃菜各250克

调味料

蒜蓉、葱丝、葱花各30克，生抽30毫升，食盐、味精各5克，花生油适量

制作方法

1. 娃娃菜洗净，对半切成12块；粉丝洗净，泡发，与葱丝、娃娃菜装盘蒸熟。
2. 炒锅注油烧热，放入蒜蓉、葱花爆香，再放入高汤、生抽、食盐、味精，炒至汁浓，均匀地淋入装有蒸熟的娃娃菜和粉丝的盘中即可。

粉丝蒸白菜

材料

粉丝200克，白菜100克，枸杞10克

调味料

蒜蓉20克，食盐5克，味精3克，香油10毫升，葱适量

制作方法

1. 粉丝洗净泡发；枸杞洗净；白菜洗净切成大片；葱洗净，切末。
2. 将大片的白菜垫在盘中，再将泡好的粉丝、蒜蓉及调味料置于白菜上。
3. 将备好的材料入锅蒸10分钟，取出，淋上香油，撒上葱末即可。

蒜蓉娃娃菜

材料

娃娃菜500克，红椒30克

调味料

蒜50克，食盐4克，鸡精2克，葱20克，高汤、花生油、水淀粉各适量

制作方法

1. 娃娃菜洗净；蒜去皮，洗净切末；红椒去籽，洗净切末；葱洗净切花。
2. 锅中倒适量花生油，烧至五成热时下蒜末，炸至金黄色捞出，倒在娃娃菜上；锅中底油倒入高汤和红椒，加食盐和鸡精调味，再加入水淀粉勾芡。
3. 将芡汁浇在娃娃菜上，入蒸锅蒸7分钟，最后撒上葱花即可。

板栗扒白菜

材料

白菜300克，去皮板栗200克，枸杞20克

调味料

食盐4克，淀粉5克，白糖10克，味精2克，花生油适量

制作方法

1. 白菜洗净切条，入沸水中焯烫至断生，捞出沥干水分，装盘备用；板栗洗净备用；枸杞泡发，洗净。
2. 锅中注油烧热，入板栗和枸杞翻炒，加入清水焖熟。
3. 加入食盐、白糖、味精调味，用水淀粉勾芡，炒匀，装入白菜盘中即可。

白菜肉丝汤

材料

白菜300克，猪瘦肉100克，青、红椒各30克

调味料

食盐5克，鸡精5克，淀粉、花生油各适量

制作方法

1. 白菜洗净，切4瓣，入水焯熟，沥干水分装盘；肉丝洗净切丝；青、红椒洗净切丝备用。
2. 锅中倒油烧热，倒入肉丝翻炒至变色时加入青、红椒，继续翻炒。
3. 加适量清水入锅煮开，加入食盐、味精调味，入水淀粉勾芡，将汤汁浇在娃娃菜上即可。

豉椒蒸娃娃菜

材料

娃娃菜500克，粉丝150克，青、红椒各适量

调味料

豆豉酱、食盐、味精各适量

制作方法

❶ 娃娃菜洗净，切成六瓣，置于铺好锡纸的蒸笼中；粉丝泡发洗净，置于娃娃菜上；青红椒洗净去籽切圈，撒在娃娃菜和粉丝上。

❷ 食盐和味精加入豆豉酱中，调匀，撒在粉丝上。

❸ 放入蒸笼入锅，蒸8分钟即可。

白菜皮蛋汤

材料

白菜叶400克，皮蛋1个，剁椒30克

调味料

食盐5克，鸡精2克，葱、花生油各适量

制作方法

❶ 白菜叶洗净，撕大片；皮蛋去壳洗净，切块；葱洗净切成葱花。

❷ 锅中注油烧热，下葱花爆香，加入白菜叶炒至变软，加入适量清水，倒入皮蛋、剁椒，烧开。

❸ 最后加入食盐、鸡精调味即可。

白菜粉丝豆腐

材料

白菜350克，豆腐300克，粉丝150克，香菜适量

调味料

食盐5克，味精2克，香油5毫升，花生油适量

制作方法

❶ 白菜洗净，竖切条；粉丝泡发，洗净；豆腐洗净，切块；香菜洗净，切段备用。

❷ 锅中注油烧热，下入白菜翻炒至变软，加入适量清水烧开，放入豆腐和粉丝，烧熟。

❸ 最后加入食盐和味精调味，起锅后撒上香菜即可。

芥末拌菠菜粉丝

材料

菠菜400克，粉丝100克

调味料

食盐3克，鸡精1克，香油20毫升，芥末适量

制作方法

❶ 将菠菜洗净，入沸水中焯水，装盘待用；粉丝入沸水中煮熟，沥干水分。

❷ 将菠菜和粉丝加芥末、食盐、鸡精和香油充分搅拌均匀即可。

蒜蓉菠菜

材料

菠菜500克，蒜蓉50克

调味料

香油20毫升，食盐4克

制作方法

❶ 将菠菜洗净，切段，焯水，捞出装盘待用。

❷ 炒锅注油烧热，放入蒜蓉炒香，倒在菠菜上，再加入香油和适量食盐充分搅拌均匀即可。

陈醋菠菜花生仁

材料

菠菜400克，花生仁200克

调味料

花生油、陈醋适量，香油25毫升，食盐4克，鸡精1克

制作方法

❶ 将菠菜洗净，切段，焯水，装盘；花生仁先入油锅炸香，捞出控油，倒在菠菜上。

❷ 加入陈醋、香油、鸡精和食盐充分搅拌均匀即可。

白菜虾仁

材料

白菜400克，鲜虾仁100克，红椒适量

调味料

葱、高汤各适量，食盐4克，水淀粉10克

制作方法

1. 白菜洗净，入沸水焯熟，沥干水分后逐片摆入盘中；虾仁剔去虾线，洗净；红椒、葱洗净切末。
2. 净锅烧热，倒入高汤，加入虾仁和红椒、葱末，烧开后加入食盐调味。
3. 高汤中加入水淀粉调成芡汁，浇在白菜盘中即可。

菠菜瓜子花生仁

材料

菠菜200克，瓜子仁、熟花生仁各50克，番茄少许

调味料

食盐3克，味精1克，香醋6毫升，生抽10毫升

制作方法

1. 菠菜洗净，切段；番茄洗净，切片。
2. 锅中注水烧沸后，加入菠菜段焯熟，捞起沥干并装入碗中，再放入瓜子仁、熟花生仁。
3. 加入食盐、味精、香醋、生抽拌匀后，倒扣于盘中，撒上番茄片即可。

上汤娃娃菜

材料

娃娃菜350克，皮蛋1个，香菇50克，枸杞20克，香菜及青、红椒各适量

调味料

蒜50克，食盐5克，鸡精3克，高汤、花生油各适量

制作方法

1. 所有原材料洗净。
2. 锅中注油烧热，加入蒜瓣爆香，先后入香菇和娃娃菜煸炒至变色，加入适量高汤，放入枸杞和皮蛋，烧开。
3. 加入食盐、鸡精及青、红椒调味，起锅后撒上香菜即可。

四季豆香菇娃娃菜

材料

娃娃菜600克，四季豆200克，香菇100克，枸杞20克

调味料

食盐5克，生抽8毫升，鸡精3克，红油4毫升，花生油适量

制作方法

1. 娃娃菜洗净，每棵切成6瓣，入水焯熟，装盘；四季豆去筋，洗净切丝；香菇洗净切丝；枸杞泡发备用。
2. 锅中注油烧热，入四季豆、香菇煸炒至变色，调入所有调味料，加适量清水，放入枸杞，烧开。
3. 将汤汁浇在娃娃菜上即可。

菠菜拌粉条

材料

菠菜400克，粉条200克，甜椒30克

调味料

食盐4克，味精2克，老抽8毫升，红油、香油各适量

制作方法

❶ 菠菜洗净，去须根；甜椒洗净切丝；粉条用温水泡发备用。

❷ 将备好的材料放入开水中稍烫，捞出，菠菜切段。

❸ 将所有材料放入容器，加入老抽、食盐、味精、红油、香油拌匀，装盘即可。

包菜炒红椒

材料

紫包菜300克，白菜100克，红椒50克

调味料

蒜蓉30克，食盐3克，鸡精1克，花生油适量

制作方法

❶ 将紫包菜洗净，切片；白菜洗净，切段；红椒洗净，切片。

❷ 炒锅注油烧热，放入蒜蓉爆香，倒入紫包菜和白菜快速翻炒，加入红椒炒匀。

❸ 加入食盐和鸡精调味，起锅装盘即可。

兰州泡菜

材料

包菜400克

调味料

食盐20克，白酒10毫升，干辣椒25克，八角、桂皮各适量

制作方法

1. 包菜剥去外层老叶，洗净，沥干水分备用。
2. 将所有调料加适量清水入锅中煮开，待凉后倒入泡菜坛中，装入包菜。
3. 泡制7天后，捞出切丝即可食用。

双椒泡菜

材料

包菜150克，青椒、红椒、胡萝卜各30克

调味料

食盐、味精、陈醋各适量

制作方法

1. 用食盐、味精、陈醋加适量清水调成泡汁。
2. 包菜洗净，撕碎片；青椒、红椒、胡萝卜均洗净，切片。
3. 将备好的材料同入泡汁中浸泡1天，取出装盘即可。

家常泡菜

材料

包菜300克，红、绿泡椒适量

调味料

食盐适量，香油15毫升，鸡精2克

制作方法

1. 将包菜洗净，加入食盐和清水放入坛中腌两天。
2. 取出，洗净，切片，加入泡椒、香油、鸡精搅拌均匀即可。

野菇酱菠菜

材料

菠菜400克，鸡蛋1个

调味料

野菇酱100克，花生油、香油、食盐各适量

制作方法

1. 将菠菜洗净，切段，沸水锅中加少许食盐，将菠菜焯水至熟，装盘，将野菇酱倒在菠菜上。
2. 鸡蛋打散，加少许食盐搅拌均匀；炒锅加油烧热，放入鸡蛋快炒至熟，起锅倒在野菇酱上。
3. 淋入香油即可。

上汤菠菜

材料

菠菜500克，咸蛋1个，皮蛋1个，鸡蛋1个

调味料

食盐5克，蒜6瓣，三花淡奶50毫升

制作方法

1. 菠菜洗净，入盐水中焯水，装盘；咸蛋、皮蛋各切成丁。
2. 锅中倒入100毫升清水，倒入咸蛋、皮蛋、蒜下锅煮开，再加入三花淡奶煮沸，后倒入鸡蛋清煮匀即成美味的上汤。
3. 将上汤倒于菠菜上即可。

木须小白菜

材料

黑木耳、小白菜各200克，猪瘦肉250克，鸡蛋液50克

调味料

料酒3毫升，食盐3克，老抽、香油各5毫升，花生油适量

制作方法

1. 猪肉洗净，切成片；黑木耳泡发，洗净，撕成片；小白菜摘洗净，掰成段。
2. 净锅注油烧热，加入鸡蛋炒熟后，装盘；另起锅注油烧热，放入肉片煸炒至变色，加入料酒、老抽、食盐，炒匀后，加入木耳、小白菜、鸡蛋同炒。
3. 炒熟后，淋入香油即可。

芝麻花生仁拌菠菜

材料

菠菜400克，花生仁150克，白芝麻50克

调味料

陈醋、香油各15毫升，食盐4克，鸡精2克，花生油适量

制作方法

1. 将菠菜洗净，切段，焯水捞出装盘待用；花生仁洗净，入油锅炸熟；白芝麻炒香。
2. 将所有原材料搅拌均匀，再淋入香油、食盐和鸡精充分搅拌入味即可。

菠菜拌核桃仁

材料

菠菜400克，核桃仁150克

调味料

香油20毫升，食盐4克，鸡精1克，蚝油适量

制作方法

1. 将菠菜洗净，焯水，装盘待用；核桃仁洗净，入沸水中汆水至熟，捞出，倒在菠菜上。
2. 用香油、蚝油、食盐和鸡精调成味汁，淋在菠菜核桃仁上，搅拌均匀即可。

胡萝卜拌菠菜

材料

菠菜350克，胡萝卜150克

调味料

干辣椒10克，食盐3克，鸡精1克，花生油适量

制作方法

1. 菠菜洗净，切段，焯水，装盘待用；胡萝卜洗净，切片，焯水，摆盘；干辣椒洗净切段。
2. 炒锅注油烧热，放入干辣椒爆香，倒在菠菜和胡萝卜上，加入食盐和鸡精搅拌均匀即可。

凉拌菠菜

材料

菠菜300克

调味料

食盐3克，鸡精1克，姜100克，蒜蓉30克，花生油适量

制作方法

1. 将菠菜洗净，入沸水锅中焯水至熟；姜去皮，洗净，剁碎。
2. 炒锅注油烧热，放入姜末和蒜蓉炒香，加入少许清水煮至沸腾，加入食盐和鸡精，起锅倒在菠菜上。

蛤蜊拌菠菜

材料

菠菜400克，蛤蜊200克

调味料

料酒15毫升，食盐4克，鸡精1克，花生油适量

制作方法

1. 将菠菜洗净，切成长度相等的段，焯水，沥干装盘待用。
2. 蛤蜊洗净，加入食盐和料酒腌渍，入油锅中翻炒至熟，加入食盐和鸡精调味，起锅倒在菠菜上即可。

密制菠菜

材料

菠菜400克，豆豉适量

调味料

辣椒油、红油、蚝油各15毫升，食盐3克，鸡精1克，花生油、蒜蓉各适量

制作方法

1. 将菠菜洗净，切成6厘米长的段，入沸水中焯水至熟，沥干，整齐码于盘中。
2. 炒锅注油烧热，放入豆豉和蒜蓉炒香，倒在菠菜上；用辣椒油、红油、蚝油、食盐、鸡精调成味汁，淋在菠菜上即可。

特色菠菜

材料

菠菜400克，花生仁、杏仁、金针菇、香菇丝、白芝麻、红豆、腰果、玉米粒各适量

调味料

食盐4克，鸡精2克，花生油适量

制作方法

❶ 将菠菜洗净，切长段，入沸水中焯水至熟，捞出待用。

❷ 炒锅注油烧热，放入除菠菜以外的所有原材料炒香，倒在菠菜上。最后加入食盐和鸡精搅拌均匀即可。

银耳菠菜

材料

菠菜250克，花生仁100克，银耳50克，土豆丝50克

调味料

食盐3克，鸡精1克，花生油适量

制作方法

❶ 将菠菜洗净，切段，入沸水中汆水至熟，装盘待用；银耳泡发，洗净，撕成小朵，焯水待用；花生仁洗净，与土豆丝分别倒入油锅炸熟。

❷ 将所有原材料加入食盐和鸡精搅拌均匀即可。

虾仁炒菜心

材料

菜心400克，虾仁100克

调味料

蒜20克，料酒15毫升，食盐4克，鸡精1克，花生油、水淀粉各适量

制作方法

❶ 将菜心洗净，切段；虾仁洗净，用料酒腌渍；蒜洗净，切小块。

❷ 炒锅注油烧热，放入蒜爆香，加入虾仁翻炒至七成熟，再倒入菜心一起翻炒至熟。

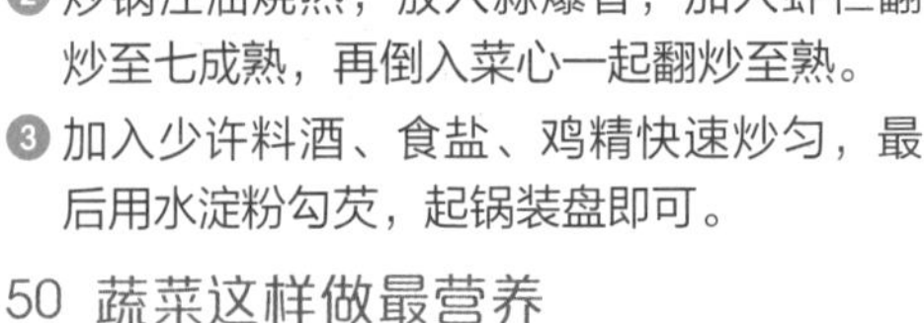

❸ 加入少许料酒、食盐、鸡精快速炒匀，最后用水淀粉勾芡，起锅装盘即可。

香辣菠菜

材料

菠菜450克

调味料

干辣椒20克，食盐3克，鸡精1克，花生油适量

制作方法

1. 菠菜洗净，切段；干辣椒洗净，切段。
2. 炒锅注油烧热，放入干辣椒炒香，倒入菠菜快速翻炒至熟。
3. 调入食盐和鸡精调味，起锅装盘即可。

炝炒菠菜

材料

菠菜500克

调味料

蒜20克，干辣椒30克，蚝油20毫升，食盐3克，鸡精1克，花生油适量

制作方法

1. 将菠菜洗净，沥干水分，切段；干辣椒洗净，切段；蒜去皮，洗净，切片。
2. 锅置火上，注油烧热，放入干辣椒和蒜片爆香，倒入菠菜翻炒至熟。
3. 加入蚝油、食盐和鸡精调味，起锅装盘即可。

菠菜炒鸡蛋

材料

菠菜400克，鸡蛋1个，黑木耳50克

调味料

蒜蓉20克，食盐3克，鸡精1克，花生油适量

制作方法

1. 将菠菜洗净，切段；黑木耳泡发，洗净，撕成小朵；鸡蛋打散，加入食盐搅拌均匀待用。
2. 净锅注油烧热，放入蒜蓉炒香，倒入鸡蛋滑炒至熟，装盘待用；锅底留油，加黑木耳翻炒，再加入菠菜快炒，倒入鸡蛋同炒至熟。
3. 加入食盐和鸡精调味，起锅装盘即可。

皮蛋菠菜汤

材料

菠菜300克，皮蛋1个，火腿30克

调味料

蒜20克，高汤500毫升，食盐3克，鸡精1克，花生油适量

制作方法

1. 将菠菜洗净，沥干待用；皮蛋去壳，切块；火腿切菱形片；蒜去皮，洗净。
2. 炒锅注油烧热，放入蒜煸香，注入高汤煮开，加入菠菜、皮蛋、火腿再次煮沸。
3. 加入食盐、鸡精调味，起锅装盘即可。

蒜蓉蒸菜心

材料

菜心400克，红椒20克

调味料

蒜50克，食盐3克，鸡精1克，香油适量

制作方法

1. 将菜心洗净，切成长度相等的段，沥干水分；蒜洗净，剁成末；红椒洗净，剁碎。
2. 蒸笼用锡箔垫上，将菜心放入蒸笼中，将蒜蓉、红椒、香油、食盐和鸡精调成味汁，倒在菜心上，入蒸锅蒸5分钟即可。

黄豆拌小白菜

材料

小白菜400克，黄豆100克，红椒20克

调味料

香油10毫升，食盐3克，鸡精1克

制作方法

1. 将小白菜洗净，入沸水中焯水至熟；黄豆洗净，入沸水中焯水；红椒洗净，切丝。
2. 将所有原材料加入食盐、鸡精、香油搅拌均匀即可。

肉末炒小白菜

材料

猪瘦肉100克，小白菜400克

调味料

食盐3克，鸡精2克，老抽10毫升，水淀粉15克，花生油适量

制作方法

1. 猪瘦肉洗净，剁成末，加入食盐、老抽和水淀粉搅拌均匀；小白菜洗净，切段。
2. 净锅注油烧热，放入瘦肉末煸炒至熟，装盘待用；锅内再注油烧热，放入小白菜段翻炒。
3. 最后调入食盐和鸡精，装盘即可。

拆骨肉炒小白菜

材料

拆骨肉100克，小白菜200克

调味料

食盐3克，鸡精1克，老抽5毫升，花生油适量

制作方法

1. 拆骨肉、小白菜均洗净备用。
2. 炒锅注油烧热，下入拆骨肉滑散，烹入老抽，放入小白菜同炒至熟。
3. 调入食盐和鸡精调味，出锅装盘即可。

芝麻炒小白菜

材料

小白菜500克，白芝麻15克

调味料

姜丝10克，食盐5克，花生油适量

制作方法

1. 放少许白芝麻到锅里，锅热之后转小火，不断地炒芝麻，等香味出来时就盛盘。
2. 小白菜洗净，锅中注油烧热，放入姜丝炝锅，再放入小白菜，猛火快炒，然后放入食盐调味，等菜熟的时候把刚才准备好的白芝麻放下去，再翻炒两下就可以出锅了。

炝炒小白菜

材料

小白菜500克

调味料

食盐5克，花椒4克，味精3克，干辣椒10克，香油10毫升，花生油适量

制作方法

1. 将小白菜洗净，干辣椒切段。
2. 锅置火上，倒入花生油烧热，爆香干辣椒段、花椒，放入小白菜快速翻炒。
3. 至小白菜八成熟时调入食盐、味精炒匀，淋入香油，出锅装盘即可。

油渣小白菜

材料

猪肥肉200克，小白菜300克

调味料

食盐3克，味精1克，香醋6毫升，老抽10毫升，花生油适量

制作方法

1. 猪肥肉洗净，切块，入沸油炸成油渣待用；小白菜洗净，切段。
2. 锅内注油烧热，下油渣稍炒后，放入小白菜并加入食盐、香醋、老抽一起翻炒。
3. 加味精调味，起锅装盘即可。

梅菜蒸菜心

材料

菜心450克，梅菜200克，红椒50克

调味料

香油、蚝油各适量，食盐4克，鸡精1克

制作方法

1. 将菜心洗净，整齐地放在蒸笼中；梅菜洗净，剁碎；红椒洗净，剁碎。
2. 将梅菜和红椒整齐地放在菜心上。用香油、蚝油、食盐和鸡精调成味汁，淋在菜心上。
3. 将蒸笼入蒸锅蒸熟即可。

辣炒小白菜

材料

小白菜350克，红椒20克

调味料

蚝油、老抽各少许，食盐2克，鸡精1克，花生油适量，干辣椒20克

制作方法

1. 将小白菜洗净，切段；红椒洗净，切丝；干辣椒洗净，切段。
2. 炒锅注油烧热，放入干辣椒炒香，倒入小白菜一起翻炒，加入红椒丝快炒。
3. 加入蚝油、老抽、食盐和鸡精调味，起锅装盘即可。

针蘑炒小白菜

材料

小白菜450克，针蘑150克

调味料

干辣椒50克，食盐3克，鸡精1克，花生油适量

制作方法

1. 将小白菜洗净，切段；针蘑洗净，入沸水中焯水，捞出沥干待用；干辣椒洗净，切段。
2. 净锅注油烧热，放入干辣椒爆香，倒入针蘑翻炒，再倒入小白菜一起炒熟。
3. 最后放入食盐和鸡精调味，装盘即可。

滑子菇扒小白菜

材料

小白菜350克，滑子菇150克，枸杞20克

调味料

食盐3克，鸡精1克，水淀粉20克，花生油、高汤各适量，蚝油20毫升

制作方法

1. 小白菜洗净，切段，入沸水中汆水至熟，装盘备用；滑子菇洗净；枸杞洗净。
2. 炒锅注油烧热，放入滑子菇滑炒至熟，加高汤煮沸，放入枸杞，加入食盐、鸡精、蚝油调味，用水淀粉勾芡，倒在小白菜上。

滑子菇小白菜肉丸

材料

小白菜300克，滑子菇100克，猪肉丸200克

调味料

蚝油20毫升，料酒10毫升，食盐3克，鸡精1克，花生油适量

制作方法

1. 将小白菜洗净，切段；滑子菇洗净，沥干水分；猪肉丸入沸水锅中汆水。
2. 炒锅注油烧热，放入滑子菇和肉丸翻炒，再倒入小白菜一起翻炒至熟。
3. 加入料酒、蚝油、食盐和鸡精一起炒至入味，起锅装盘即可。

小白菜炝粉条

材料

小白菜200克，粉条250克

调味料

干辣椒20克，老抽、蚝油、花生油各适量，食盐3克，鸡精1克

制作方法

1. 将小白菜洗净，切段；粉条提前用冷水浸泡20分钟。
2. 炒锅注油烧热，放入干辣椒爆香，再倒入粉条滑炒，加入小白菜一起快炒至熟。
3. 加入老抽、蚝油、食盐和鸡精炒至入味，起锅装盘即可。

上汤菜心

材料

菜心350克，皮蛋1个，咸鸭蛋1个，腰果、香菇、红椒各适量

调味料

高汤、花生油各适量，食盐3克，味精1克

制作方法

1. 将所有原材料洗净。
2. 锅置火上，注油烧热，放入香菇和红椒炒香，注入高汤，加入菜心、皮蛋、咸鸭蛋、腰果一起煮开。
3. 最后加入食盐和鸡精调味，起锅装盘即可。

小白菜炖芋头

材料

小白菜250克，芋头150克

调味料

食盐3克，鸡精1克，水淀粉15克，花生油适量

制作方法

1. 小白菜洗净，切段；芋头去皮，洗净，切块，入锅中焯水至七成熟。
2. 炒锅注油烧热，放入蒜蓉炒香，倒入芋头翻炒，加入适量清水炖煮，倒入小白菜。
3. 加入鸡精和食盐调味，最后用水淀粉勾芡，出锅装盘即可。

蒜蓉广东菜心

材料

广东菜心400克

调味料

蒜蓉30克，花生油、香油、食盐、鸡精各适量

制作方法

1. 将广东菜心洗净，入沸水中加少许食盐焯水至熟。
2. 炒锅注油烧热，放入蒜蓉翻炒，加入鸡精、香油，起锅倒在广东菜心上即可。

花生枸杞菜心

材料

菜心300克，花生仁、枸杞、火腿丁各适量

调味料

香油15毫升，白糖少许，食盐3克，鸡精1克，花生油适量

制作方法

1. 将菜心洗净，剁碎，入沸水中汆水至熟，捞起沥干水分；花生仁洗净，入油锅炸至表皮微红，沥油；枸杞洗净，稍过水。
2. 将所有原材料加入食盐、鸡精、香油搅拌均匀，装盘即可。

小白菜烩豆腐

材料

小白菜300克，豆腐250克

调味料

葱白30克，蒜蓉20克，高汤400毫升，食盐3克，鸡精1克，水淀粉15克，花生油适量

制作方法

1. 将小白菜洗净，剁碎；豆腐洗净，切丁；葱白洗净，切丝。
2. 炒锅注油烧热，放入蒜蓉炒香，豆腐滑炒，倒入适量高汤，加入小白菜以中火煮开。
3. 加入葱白，加入食盐、鸡精调味，最后用水淀粉勾芡即可。

白灼广东菜心

材料

广东菜心400克，红椒25克

调味料

葱白40克，花生油、高汤、水淀粉各适量，老抽15毫升，蚝油20毫升，食盐4克，鸡精2克

制作方法

1. 将广东菜心洗净，入沸水中焯水，捞出沥干水分，整齐码于盘中；红椒洗净，切丝；葱白洗净，切丝。
2. 炒锅注油烧热，放入适量老抽、蚝油、食盐和鸡精，加入红椒丝、葱丝和高汤煮至微沸，用水淀粉勾芡。
3. 最后起锅倒在广东菜心上。

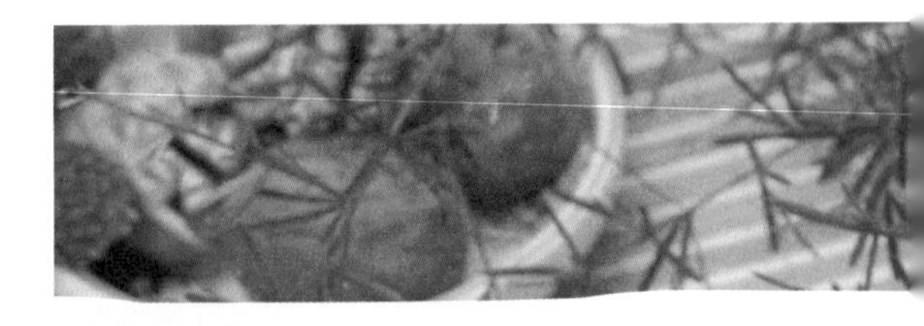

双椒菜心

材料

菜心350克，青椒、红椒各20克

调味料

蒜40克，食盐3克，鸡精1克，水淀粉15克

制作方法

1. 将菜心洗净，沥干水分；蒜去皮，洗净，切丁；青椒、红椒均洗净，切圈。
2. 炒锅注油烧热，放入蒜爆香，倒入菜心快速翻炒至微软，加入青椒、红椒翻炒至熟。
3. 加入食盐和鸡精调味，最后以水淀粉勾芡，起锅装盘即可。

笋菇菜心汤

材料

冬笋200克，水发香菇50克，菜心150克

调味料

食盐3克，味精1克，水淀粉15克，花生油、素鲜汤各适量

制作方法

1. 冬笋洗净，斜切成片；香菇洗净去蒂，切片；菜心洗净稍焯，捞出。
2. 炒锅注油烧热，分别将冬笋片和菜心下锅过油，随即捞出沥油。
3. 净锅加素鲜汤烧沸，放入冬笋片、香菇片、花生油，数分钟后再放入菜心，加入食盐、味精调味，用水淀粉勾芡即可。

盐水菜心

材料

菜心200克，红椒1个

调味料

食盐3克，鸡精3克，姜丝5克，高汤、花生油各适量

制作方法

1. 红椒洗净，去蒂、籽，切丝。
2. 净锅上火，加水烧开，下入菜心稍焯后，捞出装盘。
3. 原锅注油烧热，爆香姜丝、红椒丝，倒入高汤、食盐、鸡精烧开，倒入装有菜心的盘中即可。

牛肉油菜黄豆汤

材料

牛肉250克，黄豆100克，油菜6棵

调味料

花生油20毫升，食盐5克，味精3克，香油3毫升，葱、姜各5克，高汤适量

制作方法

1. 将牛肉洗净、切丁，汆水备用；黄豆洗净；油菜洗净。
2. 炒锅上火倒入花生油，将葱、姜炝香，倒入高汤，再加入牛肉、黄豆，调入食盐、味精煲至熟，放入油菜，淋入香油即可。

红豆熘菜心

材料

菜心400克，红豆150克

调味料

蒜蓉15克，水淀粉、花生油各适量，香油10毫升，食盐3克，鸡精1克

制作方法

1. 将菜心洗净，切成小段；红豆提前用冷水浸泡20分钟。
2. 炒锅注油烧热，放入蒜蓉炒香，倒入红豆翻炒，再加入菜心一起快速炒匀至熟。
3. 最后加入食盐、鸡精和香油炒匀，用水淀粉勾芡。

菜心炒黄豆

材料

菜心300克，黄豆200克

调味料

食盐4克，鸡精1克，花生油适量

制作方法

1. 将菜心洗净，沥干水分，切碎；黄豆洗净，入沸水中焯水至八成熟，捞起待用。
2. 炒锅注油烧热，放入黄豆快速翻炒，加入菜心一起炒匀至熟。
3. 加入食盐和鸡精调味，装盘即可。

米椒广东菜心

材料

广东菜心350克，米椒100克

调味料

蒜蓉20克，水淀粉、花生油各适量，食盐4克，鸡精2克

制作方法

1. 广东菜心洗净，入沸水中汆烫至熟，捞起沥干水分，整齐码于盘中；米椒洗净，切圈。
2. 炒锅注油烧热，放入蒜蓉、米椒炒香，加入食盐和鸡精调味，起锅倒在广东菜心上即可。

油麦菜花生仁

材料

油麦菜150克，熟花生仁50克

调味料

食盐3克，陈醋8毫升，干辣椒15克，花生油适量

制作方法

1. 油麦菜洗净，用沸水焯熟后，晾干切段；干辣椒洗净，切段，入油锅中炸一下，捞起沥干。
2. 油麦菜、花生仁放入盘中；用食盐、陈醋调成味汁，浇在油麦菜上面，撒上炸过的干辣椒段即可。

酱拌油麦菜

材料

油麦菜300克

调味料

芝麻酱30克

制作方法

1. 油麦菜洗净，切成小段。
2. 锅中注水烧沸，放入油麦菜焯熟后，捞起沥干装入盘中。
3. 淋上芝麻酱，拌匀即可。

生拌油麦菜

材料

油麦菜300克

调味料

干红椒20克，食盐、味精各3克，香油10毫升，花生油适量

制作方法

1. 干红椒洗净，切段，入油锅稍炸后取出；油麦菜洗净，入沸水中焯水后捞出，沥干水分，切成长短一致的长段。
2. 将油麦菜调入食盐、味精拌匀。
3. 撒上干红椒，淋入香油即可。

蒜片油麦菜

材料

油麦菜500克

调味料

蒜3瓣，食盐、花生油、味精各适量

制作方法

1. 将油麦菜洗净后对半剖开成条状；蒜去皮后切成蒜片。
2. 锅中烧水，烧开后倒入油麦菜略烫，捞起沥水。
3. 锅中注油烧热，放入蒜片爆香，再放入油麦菜炒匀，加入食盐、味精调味即可。

生炝油麦菜

材料

油麦菜400克，红椒30克

调味料

食盐3克，鸡精2克，花生油适量

制作方法

1. 将油麦菜洗净，切段，沥干，装盘；红椒洗净，切丝。
2. 锅中注入适量花生油烧热，倒在油麦菜上，加少许食盐和鸡精搅拌均匀即可。

葱油韭菜豆腐干

材料

韭菜400克，豆腐干200克

调味料

葱花10克，食盐4克，鸡精2克，老抽、花生油、香油各少许

制作方法

1. 将韭菜洗净，切段；豆腐干洗净，切成细条。
2. 炒锅注油烧至七成热，下入豆腐干翻炒，再倒入韭菜同炒至微软。
3. 加入葱花、食盐、鸡精、老抽和香油一起炒匀即可。

炝拌油麦菜

材料

油麦菜250克，花生仁100克，红椒、熟芝麻各适量

调味料

香油10毫升，食盐3克，干辣椒、葱花各适量

制作方法

❶ 油麦菜洗净，切成4厘米的长段，沥干水分，装盘；干辣椒洗净，切段；红椒洗净，切丝。

❷ 锅置火上注油烧热，倒入花生仁炸熟，捞出沥油倒在装油麦菜的盘中；锅底留油再烧热，放入干辣椒炒香，倒在油麦菜上，再加入红椒丝、熟芝麻、葱花、食盐搅拌均匀，淋入香油即可。

双冬扒油菜

材料

油菜500克，冬菇50克，冬笋肉50克

调味料

食盐5克，味精2克，蚝油10毫升，老抽5毫升，白糖20克，淀粉、香油各少许，花生油适量

制作方法

❶ 油菜洗净，入沸水中焯烫；锅中加少许花生油烧热，放入油菜翻炒，调入食盐、味精，炒熟盛出，摆盘成圆形。

❷ 冬菇、冬笋洗净，放入油锅中焯炒，加蚝油、清水，调入老抽、食盐、味精、白糖，焖约5分钟。

❸ 用淀粉勾芡，调入香油，盛出放在摆有油菜的碟中即可。

上汤油菜

材料

皮蛋2个，油菜200克，香菇、草菇各50克，枸杞5克

调味料

食盐3克，蒜末5克，高汤400毫升

制作方法

1. 皮蛋去壳切块；香菇、草菇分别洗净切块；枸杞洗净。
2. 锅中倒入高汤加热，油菜洗净，倒入高汤中烫熟后摆于盘中。
3. 继续往汤中倒入皮蛋、香菇、草菇、枸杞，煮熟后加入食盐和蒜末调味，出锅倒在油菜中间即可。

韭菜炒腐丝

材料

韭菜400克，豆腐皮100克，红椒50克

调味料

老抽15毫升，鸡精2克，食盐3克，香油适量

制作方法

1. 将韭菜洗净，切段；豆腐皮洗净，切细丝，入沸水中汆水，捞出待用；红椒洗净，切丝。
2. 炒锅注油烧热，下入豆腐丝翻炒，加少许老抽炒匀，再下入韭菜，最后加入红椒一起炒至熟。
3. 调入鸡精、食盐和香油，起锅装盘即可。

酸辣油麦菜

材料

油麦菜400克，红椒、青椒各50克

调味料

陈醋、香油、蚝油各适量，食盐3克，蒜蓉15克

制作方法

1. 将油麦菜洗净，切成长度相同的段，入沸水中焯水至熟，捞出沥干，装盘待用。
2. 青椒、红椒均洗净，切圈。
3. 将青椒圈、红椒圈加蒜蓉、陈醋、香油、蚝油和食盐拌匀调成味汁，淋在油麦菜上即可。

麻酱油麦菜

材料

油麦菜300克，熟芝麻20克

调味料

红油50毫升，鸡精1克，食盐3克，辣椒酱少许

制作方法

1. 油麦菜洗净，切段，沥干水分，装盘。
2. 将红油、熟芝麻、鸡精、食盐和辣椒精调成麻酱，食用时以油麦菜蘸麻酱即可。

红油油麦菜

材料

油麦菜300克，红椒10克

调味料

红油30毫升，芝麻酱15克，食盐3克，鸡精1克

制作方法

1. 油麦菜洗净，切段，焯水至熟，捞出沥干，装盘待用；红椒洗净，切丝。
2. 将红油、芝麻酱、食盐和鸡精调成味汁，淋在油麦菜上即可。

小炒油麦菜

材料

油麦菜300克

调味料

蚝油10毫升，食盐3克，鸡精1克，蒜30克，花生油适量

制作方法

❶ 将油麦菜洗净，切段；蒜去皮，洗净，剁成蒜蓉。

❷ 油锅烧热，放入蒜蓉炒香，再倒入油麦菜快炒至熟。

❸ 最后加入蚝油、鸡精和食盐调味即可。

清炒油麦菜

材料

油麦菜350克

调味料

食盐3克，味精1克，香油10毫升，花生油适量

制作方法

❶ 油麦菜洗净，切长段，沥干水分。

❷ 锅置火上，注油烧热，放入油麦菜快速翻炒至熟。

❸ 最后加入食盐和味精调味，淋入香油即可。

辣炒油麦菜

材料

油麦菜400克，干辣椒35克

调味料

老抽8毫升，食盐4克，味精2克，花生油适量

制作方法

1. 油麦菜洗净，切段；干辣椒洗净，切圈。
2. 炒锅置于火上，注油烧热，放入干辣椒爆香，再倒入油麦菜快速翻炒，加入老抽、食盐和味精调味，起锅装盘即可。

山药条炒油麦菜

材料

油麦菜400克，山药80克，红椒30克

调味料

蒜蓉20克，食盐3克，鸡精1克，花生油适量

制作方法

1. 将油麦菜洗净，切段；山药去皮，洗净，切条，焯水；红椒洗净，切丝。
2. 锅置火上，倒入适量花生油烧热，放入蒜蓉炒香，倒入油麦菜快速翻炒，再加入山药条一起炒匀。
3. 加入食盐和鸡精调味即可。

豆腐皮炒油菜

材料

油菜300克，豆腐皮150克

调味料

食盐3克，鸡精1克，花生油适量

制作方法

1. 油菜洗净，入沸水中汆水至熟；豆腐皮洗净，切段。
2. 炒锅置于火上，注油烧热，放入豆腐皮滑炒，再加入油菜同炒至熟。
3. 最后调入食盐和鸡精调味，起锅装盘即可。

白果炒油菜

材料

小油菜400克，白果100克

调味料

食盐3克，鸡精1克，水淀粉适量

制作方法

❶ 小油菜洗净，对半剖开；白果洗净，入沸水中汆水，捞起沥干备用。

❷ 炒锅注油烧热，放入小白菜略炒，再加入白果翻炒，加入少量清水烧开，待水烧干时，加入食盐和鸡精调味，用水淀粉勾芡即可。

香菇扒油菜

材料

香菇300克，油菜500克，枸杞5克，红辣椒2个

调味料

蚝油15毫升，食盐3克，味精1克，淀粉适量

制作方法

❶ 香菇去蒂洗净；油菜洗净，并在头部切“十”字形花状，插入枸杞。

❷ 锅中注水烧开后，下入油菜汆烫至熟，再捞起沥干水分，摆入盘中，香菇入笼蒸熟。

❸ 锅中留少许水，加入各种调味料勾芡后，再倒入香菇，均匀地浇在油菜上即可。

韭菜炒豆腐

材料

韭菜200克，豆腐250克，红椒50克

调味料

老抽、红油各适量，食盐4克，鸡精2克

制作方法

❶ 将韭菜洗净，切段；豆腐洗净，切正方块；红椒洗净，切圈。

❷ 炒锅注油烧热，倒入豆腐翻炒几下，再倒入韭菜炒至微软，放入红椒圈，倒入少许清水和老抽。

❸ 最后加入食盐、鸡精和红油调味即可。

百合扒油菜

材料

油菜400克，百合150克，枸杞15克

调味料

高汤200毫升，蚝油15毫升，香油10毫升，食盐3克，鸡精1克，花生油适量

制作方法

1. 油菜洗净，入沸水中焯熟，捞起沥干，装盘待用；百合洗净；枸杞洗净。
2. 炒锅注油烧热，下入百合略炒，加入高汤煮开，加入枸杞，待高汤烧干时，加入蚝油、香油、食盐和鸡精调味，起锅倒在油菜上。

口蘑扒油菜

材料

油菜400克，口蘑150克，枸杞30克

调味料

高汤适量，食盐3克，鸡精1克，蚝油15毫升

制作方法

1. 油菜洗净，对半剖开，入沸水中焯水，沥干，摆于盘中；口蘑洗净，沥干备用；枸杞洗净。
2. 净锅注油烧热，下入口蘑翻炒，注入适量高汤煮开，加入枸杞。
3. 加入蚝油、食盐和鸡精调味，起锅倒在油菜上即可。

竹荪扒油菜

材料

油菜400克，竹荪50克

调味料

食盐3克，鸡精1克，蒜蓉、香油、花生油、水淀粉各适量

制作方法

1. 油菜洗净，沥干备用；竹荪洗净，用清水浸泡10分钟，捞出沥干备用。
2. 锅中注油烧热，放入蒜蓉炒香，倒入油菜略炒后加入竹荪，添少许清水煮开。
3. 加入食盐和鸡精用小火再煮3分钟，以水淀粉勾芡，淋入香油即可。

油菜牛方

材料

牛肉、油菜各500克，笋片适量

调味料

食盐、香油、花生油、老抽、姜片、丁香各适量

制作方法

1. 牛肉洗净，切块，抹一层老抽；油菜洗净，焯水后摆盘。
2. 油锅烧热，倒入牛肉，将两面煎成金黄色，加笋片、姜片、丁香、老抽、清水，加盖烧3小时，待牛肉酥烂，汤汁浓稠时，取出丁香，放入食盐、香油，起锅摆盘即可。

蒜香油菜

材料

油菜350克

调味料

蒜30克，蚝油15毫升，食盐3克，鸡精1克，花生油适量

制作方法

1. 油菜洗净，对半剖开，沥干水分待用。
2. 炒锅注油烧热，放入蒜爆香，再倒入油菜翻炒至熟。
3. 加入食盐、鸡精和蚝油，起锅装盘。

虾米油菜玉米汤

材料

油菜200克，玉米粒45克，水发虾米20克

调味料

食盐5克，葱花3克，花生油适量

制作方法

1. 将油菜洗净；玉米粒洗净；水发虾米洗净备用。
2. 汤锅上火注油，将葱花、水发虾米爆香，下入油菜、玉米粒煸炒，倒入清水，调入食盐煲熟即可。

韭菜炒豆腐皮

材料

韭菜200克，豆腐皮250克，红椒50克

调味料

食盐3克，鸡精2克，花生油适量

制作方法

1. 将韭菜洗净，切段；豆腐皮洗净，切丝；红椒洗净，切丝。
2. 炒锅注油烧至七成热，放入豆腐皮翻炒，再倒入韭菜和红椒一起炒匀。
3. 加入食盐和鸡精炒至入味，起锅装盘即可。

韭菜炒豆腐干

材料

韭菜400克，豆腐干100克，红椒20克

调味料

食盐3克，鸡精1克，花生油适量

制作方法

1. 将韭菜洗净，切段；豆腐干洗净，切细条；红椒洗净，切段。
2. 净锅注油烧至七成热，倒入韭菜翻炒，再加入豆腐干和红椒一起炒至熟。
3. 最后加入食盐和鸡精调味，起锅装盘即可。

韭菜豆芽炒粉条

材料

粉条200克，豆芽50克，韭菜250克

调味料

老抽10毫升，食盐4克，鸡精2克，花生油、干辣椒各适量

制作方法

1. 将韭菜洗净，切段；粉条放入冷水中浸泡至软；干辣椒洗净，切段；豆芽洗净。
2. 炒锅注油烧热，放入干辣椒炒香，再倒入韭菜翻炒，加入粉条和豆芽一起炒熟。
3. 加入适量老抽炒匀，加入食盐和鸡精调味。

韭菜炒黄豆芽

材料

韭菜200克，黄豆芽200克

调味料

干辣椒40克，食盐3克，鸡精1克，蒜蓉20克，花生油、香油各适量

制作方法

1. 将韭菜洗净，切段；黄豆芽洗净，沥干水分；干辣椒洗净，切段。
2. 净锅注油烧热，放入干辣椒和蒜蓉炒香，倒入黄豆芽翻炒，再倒入韭菜一起炒熟。
3. 最后加入香油、食盐、鸡精炒匀，装盘即可。

韭菜炒核桃仁

材料

韭菜350克，核桃仁300克，红椒20克

调味料

蒜蓉20克，食盐3克，味精4克，水淀粉、花生油各适量

制作方法

1. 韭菜洗净，切段；核桃仁洗净，焯水，沥干待用；红椒洗净，切丝。
2. 炒锅注油烧热，放入蒜蓉爆香，下入核桃仁滑炒，再倒入韭菜一起翻炒均匀。调入食盐、鸡精炒匀，最后以水淀粉勾芡，起锅装盘即可。

芹菜炒香干

材料

香干300克，芹菜200克

调味料

姜末5克，蒜末8克，味精5克，食盐5克，干辣椒20克，花生油适量

制作方法

1. 香干洗净切条；芹菜洗净切段；干辣椒剪成小段。
2. 净锅注油烧热，倒入姜末、蒜末、干辣椒段炒香，放入香干炒至水分干，再倒入芹菜炒匀，加入食盐、味精调味，炒至入味即可。

韭菜炒豆腐块

材料

韭菜300克，豆腐250克，红椒20克

调味料

香油、花生油各适量，食盐3克，蒜蓉20克，鸡精1克

制作方法

❶ 将韭菜洗净，切段；豆腐洗净，切三角块，入油锅炸熟，捞出控油备用；红椒洗净，切成细丝。

❷ 炒锅注油烧热，放入蒜蓉炒香，倒入韭菜翻炒，再加入豆腐块和红椒一起炒熟。

❸ 加入适量香油、食盐和鸡精调味，起锅装盘即可。

韭菜花炖猪血

材料

韭菜花100克，猪血150克，红椒1个

调味料

姜1块，蒜10克，花生油15毫升，辣椒酱30克，豆瓣酱20克，食盐5克，味精、鸡精各2克，上汤200毫升

制作方法

❶ 猪血洗净切块；韭菜花洗净切段；姜洗净切片；蒜去皮洗净切片；红椒洗净切块。

❷ 净锅中注水烧开，放入猪血焯烫，捞出沥水。

❸ 净锅注油烧热，爆香蒜、姜、红椒，加入猪血、上汤及辣椒酱、豆瓣酱、食盐、味精、鸡精煮入味，再加入韭菜花即可。

韭菜腰花

材料

韭菜、猪腰各150克，核桃仁20克，红椒30克

调味料

食盐、味精各3克，鲜汤、花生油、水淀粉各适量

制作方法

❶ 韭菜洗净切段；猪腰洗净，切花刀，再横切成条，入沸水中汆烫去血水，捞出控干；红椒洗净，切丝。

❷ 食盐、味精、水淀粉和鲜汤搅成芡汁，备用。

❸ 油锅烧热，加入红椒爆香，再依次倒入腰花、韭菜、核桃仁翻炒，快出锅时调入芡汁炒匀即可。

玉米笋炒芹菜

材料

芹菜250克，玉米笋100克，红辣椒10克

调味料

姜10克，蒜10克，食盐3克，味精5克，淀粉5克，花生油适量

制作方法

❶ 玉米笋洗净，从中间剖开一分为二；芹菜洗净，切成与玉米笋长短一致的长度。

❷ 然后一起倒入沸水锅中焯水，捞出沥干水分。

❸ 炒锅置大火上，注油爆香姜、蒜、辣椒，再倒入玉米笋、芹菜一起翻炒均匀，待熟时，倒入调味料调味即可。

清炒韭菜花

材料

韭菜花300克

调味料

食盐3克，鸡精2克，花生油适量

制作方法

1. 将韭菜花洗净，切成长度相同的段。
2. 炒锅注油烧至七成热，下入韭菜花快速翻炒至熟。
3. 最后调入食盐和鸡精一起炒匀装盘即可。

什锦拌菜

材料

西芹200克，胡萝卜、腐竹、花生仁、黑木耳、莲藕各适量

调味料

食盐3克，香油、蚝油、香醋各适量

制作方法

1. 所有原材料洗净、改刀，入沸水锅中焯水至熟。沥干水分后，再装盘。
2. 调入适量蚝油、香油、香醋及食盐搅拌均匀即可。

爽口西芹

材料

西芹300克，胡萝卜50克

调味料

香油25毫升，鸡精1克，食盐3克，蒜蓉20克

制作方法

1. 西芹洗净，切成细丝；胡萝卜洗净，切丝。
2. 将西芹和胡萝卜入沸水中焯水，捞起沥干水分，装盘。
3. 加入适量香油、蒜蓉、鸡精和食盐，搅拌均匀即可。

西芹拌玉米

材料

西芹350克，玉米200克

调味料

香油20毫升，食盐4克，鸡精2克

制作方法

1. 西芹洗净，切成小块；玉米洗净。
2. 将西芹和玉米入沸水中汆水，捞出沥干装盘。
3. 加入香油、食盐和鸡精一起搅拌均匀即可。

西芹拌花生仁

材料

西芹200克，花生仁300克，胡萝卜100克

调味料

香油、香醋各适量，食盐4克，鸡精2克

制作方法

1. 将西芹洗净，切小段；花生仁洗净；胡萝卜洗净，切菱形块。
2. 将所有原材料放入沸水中汆水至熟，捞出沥干水分，装盘。
3. 倒入香油、香醋、食盐和鸡精搅拌均匀即可。

杏仁拌芹菜

材料

芹菜250克，杏仁30克，胡萝卜50克

调味料

食盐2克，香油适量，鸡精1克

制作方法

1. 将芹菜洗净，切段；杏仁洗净，沥干；胡萝卜洗净，切片。
2. 将所有原材料入沸水中汆水至熟，捞出沥干，装盘。
3. 加入适量食盐、香油和鸡精，搅拌均匀即可。

西芹拌腐竹

材料

西芹200克，腐竹100克，胡萝卜50克

调味料

食盐3克，鸡精1克，香油20毫升

制作方法

1. 西芹洗净，切成菱形块；腐竹用温水浸泡，切块；胡萝卜洗净，切菱形片。
2. 将所有原材料放入沸水中汆烫至熟，捞起沥干，装盘。
3. 倒入适量香油、鸡精和食盐搅拌均匀即可。

芹菜白萝卜丝

材料

芹菜250克，白萝卜150克，红椒50克

调味料

食盐3克，鸡精2克，花生油适量

制作方法

1. 将芹菜摘去叶子，洗净，切段，汆水；将白萝卜洗净，切丝；红椒洗净，切圈。
2. 炒锅注油烧热，放入芹菜和白萝卜一起翻炒，加入红椒一起炒熟。
3. 最后放入食盐和鸡精调味，起锅装盘即可。

芹菜炒金针菇

材料

芹菜200克，香干、金针菇各100克

调味料

葱末、姜末、花生油、水淀粉各适量，食盐3克，生抽5毫升

制作方法

1. 芹菜择洗净切段；香干洗净切丁；金针菇去根部后洗净入沸水中略焯，捞出切丁。
2. 净锅注油烧热，放入葱末、姜末爆香，放入芹菜、香干、金针菇炒熟，加入食盐、生抽，用水淀粉勾薄芡即可。

西芹炒山药

材料

西芹300克，山药150克，胡萝卜30克

调味料

食盐3克，香油15毫升，花生油适量

制作方法

❶ 西芹洗净，切块；山药去皮，洗净，切片；胡萝卜洗净，切片。
❷ 净锅注油烧热，放入西芹和山药片快速翻炒，加入胡萝卜一起炒至熟。
❸ 加少许香油和食盐，装盘即可。

板栗炒西芹

材料

西芹400克，板栗100克，胡萝卜50克

调味料

食盐4克，鸡精2克，花生油适量

制作方法

❶ 西芹洗净，切块；板栗去壳，洗净，入沸水中汆水；胡萝卜洗净，切片。
❷ 炒锅注油烧热，倒入西芹翻炒，再倒入板栗和胡萝卜一起炒匀至熟。
❸ 加适量食盐和鸡精调味，起锅装盘即可。

芹菜炒黄豆

材料

芹菜250克，黄豆200克，香肠100克

调味料

食盐3克，鸡精1克，蚝油5毫升，花生油适量

制作方法

❶ 芹菜去除老叶，洗净，切段；黄豆洗净，提前用冷水浸泡一夜，发好的黄豆在开水里煮10分钟，捞起备用；香肠洗净，入蒸锅蒸熟后取出，切小块。
❷ 净锅注油烧至七成热，放入芹菜和黄豆爆炒，再加入香肠一起翻炒至熟。
❸ 加入蚝油、食盐、鸡精调味，装盘即可。

红油芹菜香干

材料

芹菜200克，香干150克，红椒30克

调味料

红油15毫升，食盐3克，鸡精1克，花生油适量

制作方法

1. 芹菜洗净，切段；香干洗净，切条；红椒洗净，切丝。
2. 炒锅注油烧热，放入芹菜快炒，再倒入香干和红椒一起翻炒。
3. 加入红油、食盐和鸡精调味，装盘即可。

西芹炒麻花

材料

西芹350克，麻花200克，红椒20克

调味料

食盐3克，鸡精1克，花生油适量

制作方法

1. 西芹洗净，切块；麻花切段；红椒洗净，切片。
2. 净锅注油烧热，放入西芹翻炒，再倒入麻花和红椒一起翻炒至熟。
3. 加入食盐和鸡精调味，装盘即可。

冰镇芥蓝

材料

芥蓝400克，甜椒30克，冰块800克

调味料

食盐3克，味精2克

制作方法

1. 芥蓝洗净；甜椒洗净，切圈备用。
2. 将上述材料倒入开水中稍烫，捞出，沥干水分，放入容器，加入食盐、味精搅拌均匀。
3. 将腌过的芥蓝放在冰块上即可。

芹菜炒土豆

材料

芹菜200克，土豆200克，猪瘦肉100克，红椒20克

调味料

料酒、老抽各10毫升，蚝油8毫升，食盐3克，水淀粉20克，花生油适量

制作方法

1. 将芹菜洗净，切段；土豆洗净切细条；猪瘦肉洗净切丝，用料酒腌渍；红椒洗净切条。
2. 净锅注油烧热，放入肉丝滑炒至熟，装盘待用；净锅再注油烧热，放入芹菜和土豆一起翻炒，加入红椒炒匀。
3. 加入适量老抽、蚝油、食盐，用水淀粉勾芡即可。

胡萝卜木耳炒芹菜

材料

芹菜300克，胡萝卜200克，黑木耳50克

调味料

蒜蓉20克，香油10毫升，食盐3克，鸡精1克，花生油适量

制作方法

1. 芹菜洗净，摘去叶子，切段；胡萝卜洗净，切丝；黑木耳泡发，洗净，切丝。
2. 炒锅注油烧热，放入蒜蓉煸出香味，倒入芹菜和胡萝卜翻炒均匀，再倒入黑木耳一起炒至熟。
3. 加入香油、食盐、鸡精调味，起锅装盘即可。

三果西芹

材料

西芹350克，核桃仁、腰果、银杏各50克，胡萝卜20克

调味料

食盐3克，鸡精2克，花生油适量

制作方法

1. 将西芹洗净，斜切成段；核桃仁、腰果、银杏分别洗净；胡萝卜洗净，切片。
2. 炒锅注油烧热，下入西芹爆炒，再加入核桃仁、腰果、银杏一起翻炒均匀，加少许清水焖煮。
3. 最后加入鸡精和食盐调味，装盘即可。

芥蓝拌核桃仁

材料

芥蓝梗80克，水发黑木耳150克，核桃仁50克，胡萝卜丝适量，红椒5克

调味料

食盐3克，香醋8毫升，生抽10毫升

制作方法

1. 芥蓝梗去皮，洗净，切成小片，和胡萝卜丝一起入水中焯一下；红椒洗净，切成小片。
2. 水发黑木耳洗净，摘去蒂，挤干水分，撕成小片，入开水中烫熟。
3. 将芥蓝、黑木耳、红椒、胡萝卜丝、核桃仁装盘，倒入食盐、香醋、生抽，搅拌均匀即可。

葱油芥蓝

材料

芥蓝500克

调味料

葱油20毫升，蒜10克，食盐3克，味精3克，老抽10毫升，香油10毫升，花生油适量

制作方法

1. 芥蓝去叶、尾，洗净，放开水中焯熟，捞出沥干水分，装盘晾凉。
2. 蒜去衣，剁成蒜蓉，下入油锅中爆香。
3. 把其他调味料和爆香的蒜蓉一起放入碗内，调成调料汁，均匀淋在盘中的芥蓝上即可。

玉米芥蓝拌杏仁

材料

芥蓝梗、玉米粒各200克，杏仁150克，红尖椒15克

调味料

香油10毫升，食盐3克，味精2克，白糖20克

制作方法

1. 芥蓝梗去皮洗净切片；杏仁泡发洗净；玉米粒洗净；红尖椒洗净切圈备用。
2. 杏仁上锅蒸熟；芥蓝、玉米粒分别在开水中煮熟，捞出过凉水，控净水分；红尖椒在开水中稍烫一下，捞出。将熟的杏仁、芥蓝、玉米加香油、食盐、味精、白糖搅拌均匀，撒上红尖椒即可。

姜汁芥蓝

材料

芥蓝500克

调味料

食盐3克，姜10克，鸡精2克，白糖2克，花生油20毫升

制作方法

1. 芥蓝择去旁叶，留梗，切去根部、尾叶；姜去皮剁蓉。
2. 净锅上大火，倒入600毫升清水，调入食盐、白糖，待水沸，倒入芥蓝，焯水后捞出沥干水分。
3. 炒锅置火上，注入花生油，烧热，爆香姜蓉，放进芥蓝，拌炒，调入食盐、鸡精炒匀至熟即可。

白灼芥蓝

材料

芥蓝400克，红椒20克

调味料

姜10克，蚝油、老抽、香油各15毫升，食盐3克，鸡精2克

制作方法

1. 芥蓝去老根、老叶，洗净；红椒洗净切细丝；姜去皮洗净切丝；将蚝油、老抽、香油、食盐和鸡精调成料汁。
2. 锅中注水烧开，加入花生油，芥蓝焯水至熟，沥干水分，装盘。
3. 净锅注油烧热，放入红椒丝和姜丝煸炒出香味，浇在芥蓝上，再将调好的味汁淋在芥蓝上。

爽口芥蓝

材料

芥蓝梗300克，红椒15克

调味料

食盐、味精、白糖、胡椒粉各3克，香醋、香油各15毫升

制作方法

❶ 芥蓝梗去皮，切片；红椒洗净切片，与芥蓝一同入开水中焯熟取出装盘。

❷ 调入白糖、香醋、食盐、味精、胡椒粉、香油拌匀即可。

芥蓝桃仁

材料

芥蓝200克，核桃仁80克，红椒5克

调味料

食盐3克，味精2克，香油10毫升

制作方法

❶ 芥蓝摘去叶子，去皮，洗净，切成小片，放入开水中焯熟。

❷ 红椒洗净，切成小片。

❸ 芥蓝、核桃仁、红椒装盘，调入食盐、味精、生抽，搅拌均匀即可。

盐水芥蓝

材料

芥蓝400克，红椒30克

调味料

葱丝20克，食盐3克，鸡精1克，老抽15毫升，花生油适量

制作方法

❶ 芥蓝洗净、去梗上老皮，入沸水中焯水至熟，装盘待用；红椒洗净，切细丝。

❷ 净锅注少许油烧热，放入葱丝和红椒爆香，倒入老抽、食盐、鸡精，起锅倒在芥蓝上即可。

泡椒雪里蕻

材料

雪里蕻80克，蚕豆瓣50克，泡红椒5克

调味料

食盐、味精、老抽、白糖、葱、花生油、姜各适量

制作方法

1. 雪里蕻洗净，切成小丁；蚕豆瓣洗净，焯水，捞出待用；泡红椒洗净切块。
2. 净锅上火，注油烧热，放入葱、姜煸香，下入雪里蕻、蚕豆瓣、泡红椒炒匀。
3. 加入食盐、味精、老抽、白糖调味，即可出锅。

清炒芥蓝

材料

芥蓝400克，胡萝卜30克

调味料

食盐3克，鸡精1克，花生油适量

制作方法

1. 将芥蓝洗净，沥干待用；胡萝卜洗净，切片。
2. 净锅注油烧热，倒入芥蓝快速翻炒，再加入胡萝卜片一起炒熟。
3. 加入食盐和鸡精调味，装盘即可。

草菇扒芥蓝

材料

芥蓝300克，草菇150克，红椒30克

调味料

食盐3克，鸡精1克，老抽、花生油各适量

制作方法

1. 将芥蓝洗净，焯水后沥干待用；草菇洗净，切片；红椒洗净，切片。
2. 净锅注油烧热，下入草菇爆炒，再倒入芥蓝、红椒一起翻炒至熟。
3. 加入老抽、食盐、鸡精调味，装盘即可。

年糕炒芥蓝

材料

芥蓝300克，年糕200克，红椒30克

调味料

食盐3克，鸡精1克，花生油适量

制作方法

1. 芥蓝洗净，斜切成段；年糕洗净，切薄片；红椒洗净，切片。
2. 净锅注油烧热，放入年糕滑炒，再倒入芥蓝一起翻炒片刻，加入红椒一起炒匀。
3. 加入食盐和鸡精调味，起锅装盘。

农家炒芥蓝

材料

芥蓝350克，红椒30克

调味料

食盐3克，鸡精1克，花生油适量

制作方法

1. 芥蓝洗净，切碎；红椒洗净，切碎。
2. 净锅注油烧热，倒入芥蓝爆炒，再倒入红椒一起翻炒均匀。
3. 最后调入食盐和鸡精，起锅装盘即可。

芥菜拌黄豆

材料

芥菜350克，黄豆100克

调味料

食盐3克，鸡精1克，香油10毫升

制作方法

1. 芥菜洗净，切碎；黄豆用冷水浸泡一会儿。
2. 将芥菜放入沸水中焯水至熟，装盘；将黄豆放开水里煮10分钟，捞起装盘。
3. 调入香油、食盐和鸡精，将芥菜和黄豆搅拌均匀即可。

芥蓝炒核桃仁

材料

芥蓝350克，核桃仁200克

调味料

食盐3克，鸡精1克，花生油适量

制作方法

1. 芥蓝洗净，切段；核桃仁洗净，入沸水中汆水，捞出沥干待用。
2. 净锅注油烧热，倒入芥蓝爆炒，再倒入核桃仁一起翻炒片刻。
3. 最后调入食盐和鸡精调味，装盘即可。

炝拌茼蒿

材料

茼蒿400克

调味料

食盐4克，味精2克，生抽8毫升，干辣椒、花生油、香油各适量

制作方法

1. 茼蒿洗净备用；干辣椒洗净，切段。将茼蒿放入开水中稍烫，捞出，沥干水分，放入容器。
2. 将干辣椒入油锅中炝香后，加入食盐、味精、生抽、香油炒匀，淋在茼蒿上拌匀即可。

凉拌茼蒿

材料

茼蒿400克，红椒10克

调味料

蒜蓉20克，食盐3克，鸡精1克，花生油适量

制作方法

1. 茼蒿洗净，切成长段，入沸水中焯水，捞出沥干水分，装盘待用；红椒洗净，切丝。
2. 净锅注油烧热，下入红椒和蒜蓉爆香，倒在茼蒿上，加入食盐和鸡精搅拌均匀即可。

风味茼蒿

材料

茼蒿300克，芝麻50克，红椒20克

调味料

食盐3克，鸡精1克，香油15毫升，花生油适量

制作方法

1. 茼蒿洗净，切段，稍过水，装盘待用。
2. 红椒洗净，切成细丝。
3. 净锅注油烧热，放入红椒和芝麻炒香，倒在茼蒿上。加入食盐、鸡精和香油调味，搅拌均匀即可。

素炒茼蒿

材料

茼蒿500克

调味料

蒜蓉10克，食盐3克，鸡精1克，花生油适量

制作方法

1. 茼蒿洗净，切段。
2. 油锅烧热，放入蒜蓉爆香，倒入茼蒿快速翻炒至熟。
3. 调入食盐和鸡精调味，出锅装盘即可。

雪里蕻拌椒圈

材料

雪里蕻400克，青椒200克

调味料

食盐3克，鸡精1克，花生油适量

制作方法

❶ 雪里蕻洗净，切碎；青椒洗净，切圈。

❷ 锅中注油烧热，倒入雪里蕻快速翻炒，再加入青椒圈炒熟。

❸ 最后加入食盐和鸡精调味，起锅装盘即可。

芥菜叶拌豆丝

材料

芥菜叶、豆腐皮各100克

调味料

食盐3克，白糖3克，香油2毫升，味精少许

制作方法

❶ 豆腐皮洗净后切成长细丝。

❷ 芥菜叶清洗干净，放入沸水中烫熟即捞出，晾凉，沥水。

❸ 将豆腐皮放在容器内，加入食盐、白糖、香油、味精拌匀即可。

莴笋炒雪里蕻

材料

雪里蕻150克，莴笋50克，泡椒适量

调味料

食盐、味精、白糖、葱末、花生油、香油、老抽各适量

制作方法

1. 莴笋去皮，洗净，切成片，加入食盐稍腌渍，挤出水分。
2. 锅中注油烧热，加葱末煸香，再放入雪里蕻、莴笋、泡椒同炒。
3. 加入白糖、味精、老抽调味，淋入香油即可。

雪里蕻花生仁

材料

花生仁200克，雪里蕻150克，红椒粒25克

调味料

姜10克，食盐1克，味精1克，鲜汤50毫升，葱末、花生油、香油各适量

制作方法

1. 所有原材料洗净。
2. 净锅烧热，放入花生仁，倒入鲜汤，放入整片雪里蕻叶，烧煮至花生仁酥烂，拣去雪里蕻叶，捞出花生仁沥干汤汁。
3. 油烧至七成热，放入红椒末、姜末、雪里蕻末煸出香味，加入食盐、味精、花生仁，加鲜汤烧沸，焖至汤汁收浓，淋入香油，撒入葱末装盘即可。

雪里蕻炒蚕豆

材料

雪里蕻250克，蚕豆250克，猪瘦肉100克

调味料

干辣椒20克，食盐3克，鸡精1克，花生油适量

制作方法

1. 将雪里蕻洗净，切碎；蚕豆洗净，焯水，捞出沥干水分待用；猪瘦肉洗净，剁成肉末；干辣椒洗净，切段。
2. 油烧热，倒入肉末滑炒至熟，装盘；油烧热，倒入干辣椒爆香，倒入蚕豆和雪里蕻翻炒，倒入肉末炒匀。加入食盐和鸡精，起锅装盘即可。

雪里蕻炒豌豆

材料

雪里蕻400克，豌豆200克，红椒50克

调味料

蒜10克，食盐3克，香油10毫升，花生油适量

制作方法

1. 雪里蕻洗净，切碎；豌豆洗净，入沸水中汆烫；红椒洗净，切圈；蒜洗净，切片。
2. 锅内留油烧热，放入蒜和红椒爆香，倒入豌豆和雪里蕻一起翻炒均匀。
3. 调入食盐和香油调味，起锅装盘即可。

腊八豆炒空心菜梗

材料

腊八豆150克，空心菜梗200克，红椒30克

调味料

食盐3克，花生油适量

制作方法

❶ 空心菜梗洗净，切段；红椒洗净，去籽，切条。

❷ 锅中水烧热，放入空心菜梗焯烫一下，捞起。

❸ 净锅烧热油，放入腊八豆、空心菜梗、红椒，调入食盐，炒熟即可。

小白菜鲜肉汤

材料

小白菜150克，猪瘦肉50克

调味料

色拉油20毫升，食盐5克，味精3克，老抽2毫升，辣椒油8毫升，葱、姜各3克，花椒油4毫升

制作方法

❶ 小白菜择洗净切段；猪瘦肉洗净切片备用。

❷ 净锅上火倒入色拉油，将葱、姜爆香，下入猪瘦肉煸炒煲至熟，烹入老抽，下入小白菜翻炒，倒入清水，调入食盐、味精烧开，再调入辣椒油、花椒油即可。

辣炒空心菜

材料

空心菜梗250克

调味料

干辣椒100克，食盐3克，花生油适量

制作方法

❶ 将空心菜梗洗净，切段；干辣椒洗净，切段。

❷ 净锅注油烧热，放入干辣椒爆香，倒入空心菜梗翻炒均匀。

❸ 加入食盐调味炒匀即可。

豆豉炒空心菜梗

材料

空心菜梗300克，豆豉30克，红椒20克

调味料

食盐3克，鸡精1克，香油10克，花生油适量

制作方法

1. 将空心菜梗洗净，切小段；豆豉洗净，沥干待用；红椒洗净，切片。
2. 净锅注油烧至七成热，倒入豆豉炒香，再倒入空心菜梗滑炒，加入红椒一起翻炒片刻。
3. 加入食盐、鸡精和香油调味，装盘即可。

凉拌芦蒿

材料

芦蒿350克，红椒30克

调味料

食盐3克，香油5毫升，鸡精2克，花生油适量

制作方法

1. 芦蒿洗净，切段，入沸水中汆水至熟，装盘待用。
2. 红椒洗净，切丝。
3. 净锅注油烧热，下入红椒丝爆香，倒在芦蒿上，加入食盐、鸡精和香油调味搅拌均匀即可。

清炒芦蒿

材料

芦蒿400克，红椒50克

调味料

食盐3克，花生油适量

制作方法

1. 芦蒿洗净，切段；红椒洗净，切丝。
2. 净锅注油烧热，倒入芦蒿滑炒，再加入红椒一起同炒至熟。
3. 调入食盐炒匀，装盘即可。

辣炒肉丁

材料

猪瘦肉200克，青、红椒各50克

调味料

辣椒酱20克，香油10毫升，食盐、味精各3克，花生油适量

制作方法

❶ 猪瘦肉洗净，切丁；青、红椒均洗净，切圈。

❷ 油锅烧热，下入肉丁爆炒，再加入辣椒酱、红椒煸炒。

❸ 待材料均熟时，调入食盐、味精拌匀，淋入香油即可。

小白菜土豆煲排骨

材料

猪排骨400克，土豆200克，小白菜100克，香菜段3克

调味料

色拉油30毫升，食盐少许，味精3克，葱、姜各6克，香油2毫升

制作方法

❶ 将猪排骨洗净、切块、汆水；土豆去皮，洗净切滚刀块；小白菜洗净备用。

❷ 净锅上火注入色拉油，将葱、姜爆香，倒入清水，调入食盐、味精，放入排骨、土豆、小白菜，小火煲至熟，撒入香菜段，淋入香油即可。

芥菜黑鱼汤

材料

黑鱼1条，芥菜120克

调味料

花生油20毫升，食盐4克，鸡精、姜丝各3克，香油2毫升，高汤适量

制作方法

1. 黑鱼洗净，剔骨取肉，将肉斜刀切大片。
2. 芥菜洗净切段备用。
3. 净锅上火倒入花生油，下入姜丝爆香，倒入高汤，调入食盐、鸡精，加入鱼片、芥菜煲至熟，淋入香油即可。

风味空心菜梗

材料

空心菜梗350克，鸭肠100克，红椒50克

调味料

蒜10克，食盐3克，鸡精2克，料酒10毫升，花生油适量

制作方法

1. 空心菜梗洗净，切段；鸭肠洗净，用食盐和料酒腌渍；红椒洗净，切圈；蒜洗净，切丁。
2. 净锅注油烧热，放入鸭肠爆炒，装盘待用；锅内再注油烧热，放入蒜爆香，再倒入空心菜梗翻炒，加入红椒、鸭肠一起炒熟。
3. 加入食盐和鸡精调味，起锅装盘即可。

凉拌空心菜

材料

空心菜400克，红辣椒适量

调味料

食盐2克，香油5毫升，红油8毫升，味精2毫升，香醋10毫升，蒜末适量

制作方法

❶ 原材料洗净，改刀，入水中焯熟，装盘。

❷ 向盘中加入食盐、香油、红油、味精、香醋、蒜末拌匀即可。

川香芦蒿

材料

芦蒿300克，胡萝卜50克，火腿100克，香菇30克，红椒适量

调味料

食盐3克，鸡精1克，花生油适量

制作方法

❶ 芦蒿洗净，切段；胡萝卜、火腿、香菇、红椒均洗净，切丝。

❷ 净锅注油烧热，放入火腿和香菇一起翻炒，再倒入芦蒿、红椒和胡萝卜同炒至熟。

❸ 最后调入食盐和鸡精调味，装盘即可。

虾酱空心菜

材料

空心菜500克

调味料

蒜5瓣，虾酱5克，姜5克，食盐2克，鸡精1克，白糖3克，花生油适量

制作方法

❶ 空心菜去根去叶洗净，留梗切长段；姜去皮洗净切丝；蒜剥皮，洗净切粒。

❷ 炒锅上火烧热，注入花生油，加入蒜粒、姜丝、虾酱炒香。

❸ 放入洗净的空心菜梗，翻炒至空心菜熟，调入食盐、鸡精、白糖，拌匀即可出锅。

PART3

块根类

块根类蔬菜包括白萝卜、胡萝卜、莲藕、土豆、芋头、洋葱等多种食材。块根类蔬菜的做法多种多样，简单易学，可烹调出营养又美味的菜品。

糖醋胡萝卜

材料

胡萝卜350克，蘑菇、豌豆各100克，面粉适量

调味料

白糖50克，香醋50毫升，食盐3克，老抽3毫升，淀粉、花生油、水淀粉各适量

制作方法

❶ 胡萝卜洗净切丁，加入面粉、淀粉拌匀挂浆；蘑菇洗净切丁；豌豆洗净。将香醋、白糖、老抽、食盐放入碗中兑成糖醋汁。

❷ 花生油烧热，放入胡萝卜丁，炸至金黄色时捞出，沥油。锅留底油，下入蘑菇、豌豆煸炒至熟，淋入糖醋汁，胡萝卜丁倒入翻炒勾芡即可。

土豆丝炒油渣

材料

土豆300克，猪肥肉200克，红椒20克

调味料

食盐3克，鸡精2克，蒜5克，葱5克，香醋、花生油各适量

制作方法

❶ 土豆去皮洗净，切丝；猪肥肉洗净，切末；红椒去蒂、籽洗净，切圈；葱洗净，切花；蒜去皮洗净，切末。

❷ 净锅注油烧热，入蒜、红椒爆香后，放入肥肉末炒至出油，再将土豆丝放入翻炒片刻，加入食盐、鸡精、香醋调味，炒熟装盘撒上葱花即可。

竹笋炒四季豆

材料

竹笋350克，四季豆150克，红辣椒3个

调味料

味精2克，食盐5克，姜片、蒜片各15克，白糖8克，胡椒粉1克，花生油适量

制作方法

1. 将竹笋去壳、去老根，洗净、切片；四季豆去筋，洗净、切段。
2. 四季豆及竹笋入沸水中焯一下，捞起沥干水分。
3. 炒锅置火上，注油和食盐烧沸，投入姜片、蒜片、四季豆和笋片炒香，再将其余调料加入炒匀即可。

干煸薯条

材料

土豆300克，青、红椒各100克

调味料

食盐3克，干辣椒30克，花生油适量

制作方法

1. 土豆去皮洗净，切条状；青、红椒均去蒂洗净，切条状；干辣椒洗净备用。
2. 净锅注油烧热，放入土豆条，炸至酥脆，捞出控油。
3. 另起锅注油，入干辣椒爆香，再放入青、红椒及炸好的土豆条，加入食盐炒匀后装盘即可。

花生仁拌白萝卜

材料

白萝卜200克，花生仁50克，黄豆30克

调味料

食盐3克，香油、花生油各适量

制作方法

❶ 白萝卜去皮洗净，切丁，用食盐腌渍备用；花生仁、黄豆洗净备用。

❷ 净锅注油烧热，放入花生仁、黄豆炸香，待熟捞出控油，盛入装萝卜丁的碗中，加香油拌匀即可。

蒜苗炒白萝卜

材料

白萝卜100克，蒜苗20克

调味料

食盐2克，辣椒酱3克，鸡精2克，花生油适量

制作方法

❶ 白萝卜去皮洗净，切丁；蒜苗洗净，切段。

❷ 净锅注油烧热，放入白萝卜丁翻炒片刻，加入食盐、辣椒酱炒至入味，快熟时倒入蒜苗炒香，加入鸡精炒匀，起锅装盘即可。

鸡汁白萝卜片

材料

白萝卜400克，红椒3克

调味料

食盐3克，葱3克，鸡汤、花生油各适量

制作方法

❶ 白萝卜去皮洗净，块厚片；红椒去蒂洗净，切末；葱洗净，切花。

❷ 锅烧热，倒入鸡汤，放入萝卜，加入食盐，盖上锅盖，炖煮至熟装盘，撒上红椒、葱花即可。

辣拌菜

材料

白萝卜200克，红椒10克，黄瓜20克，白芝麻3克

调味料

食盐2克，香油、花生油各适量

制作方法

❶ 白萝卜去皮洗净，切丝，用食盐腌渍备用；红椒去蒂洗净，切丝；黄瓜洗净，一半切片，一半切丝。

❷ 净锅注油烧热，入白芝麻、红椒炒香后，盛入装萝卜的盘中，放入黄瓜丝、香油，一起拌匀，以黄瓜片摆盘即可。

白萝卜拌海蜇

材料

白萝卜100克，海蜇200克，黄瓜50克

调味料

食盐3克，香油、白醋各适量

制作方法

❶ 白萝卜去皮洗净，切丝；海蜇洗净，切丝；黄瓜洗净，切片。

❷ 净锅入水烧开，分别将白萝卜、海蜇焯熟后，捞出沥干，加入食盐、香油、白醋一起拌匀。

❸ 将切好的黄瓜片摆盘即可。

风味白萝卜片

材料

白萝卜300克

调味料

食盐3克，辣椒酱3克，红油适量

制作方法

❶ 白萝卜去皮洗净，切片备用。

❷ 净锅入水烧开，放入白萝卜焯熟后，捞出沥干装盘，然后加入食盐、辣椒酱、红油拌匀即可。

香脆白萝卜

材料

白萝卜500克

调味料

食盐、白醋、白糖、味精、干红椒、老抽、香油各适量

制作方法

❶ 白萝卜洗净，去皮，切圆片。

❷ 煮锅置火上，加入清水，放入食盐、白醋、白糖、味精、干红椒、老抽煮沸，然后关火晾凉，制成酱汤待用。

❸ 将白萝卜片放入酱汤中，酱约24小时，捞出摆盘，淋入香油即可。

萝卜芥菜头泡菜

材料

胡萝卜、白萝卜、芥菜头、发好的海蜇头各适量，野山椒10克，芝麻15克

调味料

食盐40克，姜10克，蒜10克，花椒15克，香油10毫升

制作方法

❶ 海蜇头洗净；胡萝卜、白萝卜均洗净，切条；芥菜头洗净切条；姜、蒜洗净取少许切末。

❷ 芝麻入锅炒熟，除香油外的调味料与野山椒拌匀制成泡菜水，然后放入胡萝卜、白萝卜、芥菜头，密封泡5天。

❸ 将海蜇头拌入芝麻、姜、蒜末、香油拌匀，同泡好的胡萝卜、白萝卜、芥菜头一起摆盘，淋入香油即可。

水焯双萝卜蘸酱

材料

白萝卜、胡萝卜各200克，生菜叶2片，爆香豆豉30克，红辣椒15克

调味料

食盐3克，红油15毫升，白糖8克，香菇粉3克

制作方法

❶ 白萝卜、胡萝卜均去皮洗净，切条；生菜叶洗净，摆盘；红辣椒洗净，切碎。

❷ 将爆香豆豉、红油、红辣椒、白糖、食盐、香菇粉充分搅拌均匀，做成酱料。

❸ 净锅入水烧开，将白萝卜、胡萝卜焯水后，捞出沥干盛在生菜叶上，配酱料食用即可。

鸡蛋白萝卜丝

材料

白萝卜300克，鸡蛋3个

调味料

葱花10克，食盐3克，味精少许，花生油适量

制作方法

❶ 白萝卜洗净，去皮，切丝，加少许食盐腌渍15分钟；鸡蛋磕入碗中，打散，再倒入少许温水、加入少许食盐打成蛋花。

❷ 炒锅烧热，倒入油烧至七成热时将白萝卜丝放入翻炒。

❸ 待白萝卜丝将熟时，撒入葱花并马上淋入蛋花，炒散后放入味精调味即可。

醋泡白萝卜

材料

白萝卜1000克，红辣椒50克

调味料

食盐100克，陈醋150毫升，白糖75克

制作方法

❶ 白萝卜洗净切片，切成6等份，但底部连接不切断；红辣椒切粒，陈醋、食盐和白糖同放入碗内兑成味汁。

❷ 将白萝卜入食盐水中泡40分钟取出，用手压出水分。将白萝卜投入调味汁内浸泡1～2小时，待味汁充分渗透入萝卜中，再将红辣椒粒撒入刀口等处即可。

花生仁炒萝卜干

材料

萝卜干150克，花生仁50克，苦瓜50克

调味料

食盐适量，鸡精2克，葱5克，花生油适量

制作方法

❶ 萝卜干洗净，切丁；苦瓜洗净，切片；葱洗净，切花；花生仁洗净，备用。

❷ 净锅入水烧开，放入苦瓜焯熟，捞出沥干，摆盘。

❸ 净锅注油烧热，放入花生仁炒至五成熟，放入萝卜干，加入食盐、鸡精炒熟，起锅前，撒上葱花略炒装盘即可。

素三丝

材料

白萝卜250克，胡萝卜150克，芹菜100克

调味料

花椒10粒，葱丝、姜丝、蒜片各5克，食盐、花生油、味精、陈醋、水淀粉各适量

制作方法

❶ 白萝卜、胡萝卜、芹菜分别洗净切丝，分别入沸水中略焯，沥干水分备用。

❷ 炒锅里注入花生油，烧热后放入花椒、葱丝、姜丝、蒜片炝锅，再放入三丝煸炒1分钟。

❸ 加入食盐、味精、陈醋调味，用水淀粉勾一层薄芡即可。

松仁清蒸白萝卜丸

材料

白萝卜300克，松仁50克，青、红椒各20克

调味料

食盐3克，花生油、淀粉、老抽、白醋各适量

制作方法

❶ 白萝卜去皮洗净，剁蓉；青、红椒均去蒂洗净，切丝。

❷ 将淀粉加适量清水、食盐调成糊状，放入剁好的萝卜，充分搅拌，做成丸子入蒸锅蒸熟后取出摆盘。

❸ 净锅注油烧热，放入松仁、青椒、红椒滑炒，熟后盛在丸子上，用老抽、白醋调味淋在丸子上即可。

素炒三丁

材料

白萝卜100克，胡萝卜100克，香干50克，青椒少许

调味料

食盐3克，鸡精2克，花生油适量

制作方法

❶ 白萝卜、胡萝卜均去皮洗净切丁；香干洗净，切丁；青椒去蒂洗净，切丝。

❷ 净锅注油烧热，放入白萝卜、胡萝卜滑炒至五成熟，放入香干，加入食盐、鸡精、青椒丝炒熟，装盘即可。

辣椒炒萝卜干

材料

萝卜干200克

调味料

食盐3克，葱3克，辣椒酱5克，红油、花生油各适量

制作方法

❶ 萝卜干洗净，切段；葱洗净，切花。

❷ 净锅注油烧热，放入萝卜干翻炒至八成熟，加入食盐、辣椒酱、红油炒匀，待熟起锅装盘，撒上葱花即可。

香辣萝卜干

材料

萝卜干150克，香菜叶少许

调味料

食盐2克，辣椒酱5克，老抽、陈醋各适量

制作方法

❶ 萝卜干泡发洗净，切成条状；香菜叶洗净备用。

❷ 净锅注油烧热，放入萝卜干翻炒片刻，放入食盐、辣椒酱、老抽、陈醋炒匀。待熟起锅装盘，撒上香菜叶即可。

回香萝卜干

材料

萝卜干300克，黄瓜100克，花生仁50克，白芝麻3克

调味料

食盐3克，辣椒酱5克，葱3克，红油适量

制作方法

❶ 萝卜干泡发洗净，切丁；黄瓜洗净，切片摆盘；花生仁去皮洗净；葱洗净，切花。

❷ 净锅注油烧热，放入白芝麻、花生仁爆香后，放入萝卜干一起翻炒，加入食盐、辣椒酱、红油炒匀，起锅前加入葱花略炒，装盘即可。

脆皮白萝卜丸

材料

白萝卜300克，白菜50克，鸡蛋2个

调味料

食盐3克，淀粉、花生油各适量

制作方法

❶ 白萝卜去皮洗净，切粒；白菜洗净，撕成片，焯水后摆盘。

❷ 将淀粉加入适量清水、食盐，打入鸡蛋搅成糊状，放入白萝卜粒充分混合，做成丸子。

❸ 净锅注油烧热，放入白萝卜丸子炸熟装盘即可。

鸡汤白萝卜丝

材料

白萝卜200克，胡萝卜100克，红椒20克，香菜叶少许

调味料

食盐3克，鸡汤、花生油各适量

制作方法

❶ 白萝卜、胡萝卜均去皮洗净，切丝；红椒去蒂洗净，切片；香菜叶洗净备用。

❷ 净锅注油烧热，放入白萝卜丝、胡萝卜丝、红椒滑炒片刻，加入食盐炒匀，倒入鸡汤煮熟装盘，用香菜叶点缀即可。

双萝莴笋泡菜

材料

胡萝卜200克，莴笋200克，心里美萝卜200克，泡椒20克

调味料

仔姜10克，食盐20克，红糖20克，白酒20毫升，白醋50毫升，老姜10克

制作方法

❶ 将泡菜坛洗净晾干；泡椒洗净去蒂；姜去皮洗净切块。把调味料及泡椒放入坛中备用。

❷ 将凉开水注入坛中，在坛沿注水，即成泡菜水；将各种原材料洗净，切成细长条，晾干水分，放入坛内用盖子盖严。

❸ 泡菜坛子放于室外凉爽处1～2天，即可取出食用。

回锅胡萝卜

材料

胡萝卜500克，蒜苗、豆豉各适量

调味料

食盐、郫县豆瓣酱、鲜汤、花生油各适量

制作方法

❶ 蒜苗择洗净，切成小段；胡萝卜削去表皮洗净，切成滚刀块；豆瓣酱、豆豉分别剁细备用。胡萝卜块入沸水中煮熟后捞出。

❷ 炒锅上火注油，放入豆瓣酱、豆豉炒香至油呈红色，放入胡萝卜块炒匀，加入鲜汤、调味料调味；加入蒜苗炒匀，待蒜苗熟后起锅装盘。

泡三萝

材料

胡萝卜200克，白萝卜200克，心里美萝卜200克，泡椒20克，芝麻10克

调味料

仔姜10克，食盐20克，红糖20克，白酒20毫升，白醋50毫升，老姜10克

制作方法

❶ 将泡菜坛洗净晾干；泡椒洗净去蒂；姜去皮洗净切块。把调味料及泡椒、芝麻放入坛中备用；凉开水注入坛中，在坛沿内注水；将各种原材料洗净，切丁晾干，放入坛内用盖子盖严。

❷ 泡菜坛子放室外凉爽处1～2天，即可取出食用。

胡萝卜炒粉丝

材料

胡萝卜150克，芹菜50克，粉丝100克，青椒20克

调味料

食盐3克，鸡精2克，香油、花生油各适量

制作方法

❶ 胡萝卜去皮洗净，切丝；芹菜洗净，切段；青椒洗净，切丝；粉丝泡发备用。

❷ 净锅入水烧开，放入粉丝焯至八成熟，捞出沥干备用。

❸ 净锅注油烧热，放入胡萝卜、芹菜、青椒炒至八成熟，放入粉丝，加入食盐、鸡精、香油，翻炒至熟，装盘即可。

三色泡菜

材料

胡萝卜400克，莴笋250克，包菜100克，红椒100克

调味料

食盐200克，生姜20克，白酒50毫升，蒜25克，红糖30克

制作方法

❶ 胡萝卜洗净，切丁；莴笋洗净去皮，切丁；包菜洗净切丁备用。

❷ 将备好的原材料晾干，放进有食盐、生姜、白酒、蒜、红糖、凉开水的泡菜坛中密封腌渍5天，捞出装盘即可。

葱香胡萝卜丝

材料

胡萝卜500克

调味料

花生油、葱丝、姜丝、料酒、食盐、味精各适量

制作方法

❶ 将胡萝卜洗净，去根，切细条。

❷ 锅置火上，注油，用中火烧至五六成热时放入葱丝、姜丝炝锅，烹入料酒，倒入胡萝卜丝煸炒一会儿，加入食盐，添少许清水稍焖一会儿，待胡萝卜丝熟后再用味精调味，翻炒均匀，盛入盘中即可。

胡萝卜炒豆芽

材料

胡萝卜100克，豆芽100克

调味料

食盐3克，鸡精2克，陈醋、香油、花生油各适量

制作方法

❶ 胡萝卜去皮洗净，切丝；豆芽洗净备用。

❷ 净锅注油烧热，放入胡萝卜、豆芽炒至八成熟，加入食盐、鸡精、陈醋、香油炒匀，起锅装盘即可。

胡萝卜烩木耳

材料

胡萝卜200克，木耳20克

调味料

食盐5克，白糖3克，生抽5毫升，鸡精2克，料酒5毫升，葱段10克，姜片5克，花生油适量

制作方法

❶ 木耳用冷水泡发洗净；胡萝卜洗净，切片。

❷ 净锅置于火上注油，待油烧至七成热时，放入姜片、葱段煸炒，随后放入木耳稍炒一下，再放入胡萝卜片，再依次放入料酒、食盐、生抽、白糖、鸡精，炒匀即可。

胡萝卜炒蛋

材料

鸡蛋2个，胡萝卜100克

调味料

食盐5克，香油20毫升

制作方法

❶ 胡萝卜洗净，削皮切细末；鸡蛋打散备用。

❷ 香油入锅烧热后，放入胡萝卜末炒约1分钟。

❸ 加入蛋液，炒至半凝固时转小火炒熟，加入食盐调味即可。

胡萝卜炒猪肝

材料

胡萝卜150克，猪肝200克

调味料

食盐3克，味精2克，香葱段10克，花生油适量

制作方法

❶ 胡萝卜洗净切薄片；猪肝清洗浸泡后切片。

❷ 锅中注油烧热，下入胡萝卜片翻炒，再下入猪肝片炒熟，加入食盐、味精炒匀，出锅时下入香葱段即可。

地三鲜

材料

土豆250克，茄子200克，青椒100克

调味料

食盐5克，味精2克，鸡精3克，花生油适量

制作方法

❶ 土豆去皮洗净，切厚块；茄子洗净，切滚刀块；青椒洗净，切厚片。

❷ 净锅上火，注油烧热，先将土豆、茄子炸至金黄色，再下入菜椒稍炸后捞起备用。

❸ 原锅留油，加入清水和所有用料，煮至入味即可。

蜜饯胡萝卜

材料

胡萝卜500克

调味料

蜂蜜200克

制作方法

❶ 将胡萝卜洗净，切成丁。

❷ 将胡萝卜丁放入沸水中煮熟后捞出，沥干水分。

❸ 再将胡萝卜丁放入容器内，加入蜂蜜，调匀即可。

蛋炒土豆

材料

土豆150克，鸡蛋2个

调味料

食盐4克，花生油适量

制作方法

❶ 土豆去皮，切成薄片。

❷ 锅中注水烧开，下入土豆片煮熟后，捞出；锅中注油烧热，下入鸡蛋炒熟，加入食盐调味。

❸ 将炒熟的鸡蛋倒在土豆片上即可。

葱花芹菜炒土豆

材料

土豆750克，芹菜75克

调味料

黄油100克，食盐8克，葱150克

制作方法

❶ 把土豆洗净煮熟，捞出，沥干水分，晾凉削皮，切成小薄片；葱、芹菜洗净切成碎末。

❷ 在煎锅中放黄油，上火烧热，下土豆片翻炒，一面炒上色后，翻转再炒。

❸ 待土豆上匀色时，撒入葱末和芹菜末一起炒匀，加入食盐调好口味，装盘即可。

风味土豆片

材料

土豆400克，红椒10克

调味料

食盐3克，葱10克，番茄酱、花生油各适量

制作方法

❶ 土豆去皮洗净，切片；葱洗净，切花；红椒去蒂洗净，切圈。

❷ 净锅注油烧热，入红椒爆香，放入土豆炒至八成熟，加入食盐、番茄酱熘炒至熟，装盘撒入葱花即可。

农家炒三片

材料

土豆300克，青、红椒各100克，猪瘦肉200克

调味料

食盐3克，鸡精2克，花生油、老抽、陈醋各适量

制作方法

❶ 土豆去皮洗净，切片；青、红椒均去蒂洗净，切片；猪瘦肉洗净，切片。

❷ 净锅注油烧热，放入肉片滑炒片刻，再放入土豆、青椒、红椒一起炒，加入食盐、鸡精、老抽、陈醋调味，炒熟装盘即可。

土豆炒雪里蕻

材料

土豆200克，雪里蕻、豆腐干、花生仁各100克

调味料

葱花、蒜末各10克，食盐5克，老抽5毫升，味精少许，花生油适量

制作方法

❶ 土豆去皮洗净，切丁，入沸水中焯至七成熟时捞出过凉水，沥水；雪里蕻洗净切末，花生仁入锅煮熟，捞出沥水；豆腐干切丁。

❷ 净锅注油烧热，炒香葱花、蒜末，下入土豆丁，开大火翻炒，放入老抽，土豆上色后倒入雪里蕻末、豆腐干丁、花生仁翻炒，炒至所有材料熟后加入食盐、味精调味即可。

土豆小炒肉

材料

土豆250克，猪瘦肉100克，青、红椒各10克

调味料

食盐4克，水淀粉10克，老抽15毫升，味精1克

制作方法

❶ 土豆洗净，去皮，切小块；青、红椒洗净，切菱形片。

❷ 猪瘦肉洗净，切片，加入食盐、水淀粉、老抽拌匀备用。

❸ 油锅烧热，入青、红椒炒香，放入肉片煸炒至变色，放入土豆炒熟，倒入老抽、食盐、味精调味即可。

香辣腰果土豆条

材料

土豆300克，腰果200克，香菜叶少许，白芝麻10克

调味料

食盐3克，干辣椒20克，花生油适量

制作方法

❶ 土豆去皮洗净切条；香菜叶、干辣椒均洗净备用。

❷ 净锅注油烧热，放入土豆条炸至酥脆，捞出沥干控油。

❸ 另起锅注油，放入干辣椒、白芝麻、腰果爆香后，再放入炸好的土豆，加入食盐炒匀，装盘即可。

沙茶薯条

材料

土豆2个，香菜1棵

调味料

沙茶酱2大匙，老抽1大匙，白糖半茶匙，干淀粉、花生油各适量

制作方法

❶ 土豆去皮洗净，切成粗条，用食盐水漂洗，捞出沥干。

❷ 锅内注入适量花生油并烧至八成热，将土豆拌入4大匙淀粉后，放入热油中炸至酥黄捞出。

❸ 炸油倒掉，留适量油炒所有调味料，加少许水，再放入土豆条快速拌匀盛出，上面撒上切碎的香菜末即可。

拔丝土豆

材料

土豆500克，鸡蛋1个，面粉20克

调味料

食盐少许，白糖50克，花生油适量

制作方法

❶ 面粉加入打好的蛋液里，加少许食盐搅成全蛋糊。

❷ 土豆切大块，裹上面糊下油锅炸熟。

❸ 净锅烧热注油，下白糖炒至起泡，再下入土豆，至白糖完全裹在土豆上面，能够拔出糖丝时即可。

香辣薯条

材料

土豆300克，青、红椒各100克，白芝麻5克

调味料

食盐3克，干辣椒50克，花生油适量

制作方法

❶ 土豆去皮洗净，切条；青、红椒均去蒂洗净，切条；干辣椒洗净，切段。

❷ 净锅注油烧热，放入土豆条炸至酥脆，捞出沥干控油。

❸ 另起锅注油，入干辣椒、白芝麻爆香后，放入炸好的土豆，加入食盐炒匀，装盘即可。

香葱土豆泥

材料

土豆300克，红椒10克

调味料

食盐3克，葱10克

制作方法

❶ 土豆去皮洗净，切块；葱洗净，切花；红椒去蒂洗净，切粒。

❷ 将切好的土豆入蒸锅，蒸熟后取出捣成泥，加入食盐拌匀，撒上葱花、红椒粒即可。

土豆焖茄子

材料

土豆、茄子各200克，青、红椒各100克

调味料

食盐3克，鸡精2克，花生油、老抽、陈醋各适量

制作方法

❶ 土豆去皮洗净，切丁；茄子、青椒、红椒均去蒂洗净，切丁。

❷ 净锅注油烧热，放入土豆、茄子翻炒片刻，再放入青椒、红椒一起炒，加入食盐、鸡精、老抽、陈醋炒匀，再加入适量清水，焖煮至熟，装盘即可。

草菇焖土豆

材料

土豆500克，草菇250克，番茄适量

调味料

番茄酱30克，食盐3克，胡椒粉少许，花生油适量

制作方法

❶ 土豆、草菇洗净切片；番茄洗净切成滚刀块。

❷ 锅中注油烧热，加入土豆片、番茄、草菇和番茄酱一起炒。

❸ 加适量清水焖至八成熟时放入食盐、胡椒粉，调好味焖熟即可。

乡村炖土豆丝

材料

土豆300克，芹菜、红椒各150克

调味料

食盐3克，鸡精2克，老抽、陈醋、花生油、红油各适量

制作方法

❶ 土豆去皮洗净，切丝；芹菜洗净，切粒；红椒去蒂洗净，切粒。

❷ 净锅注油烧热，放入土豆丝翻炒片刻，加入食盐、鸡精、老抽、陈醋、红油炒匀，再加入适量清水，撒上芹菜粒、红椒粒，焖煮至熟，装盘即可。

剁椒藕丝

材料

莲藕300克，剁椒5克

调味料

食盐3克，葱3克，花生油、陈醋各适量

制作方法

❶ 莲藕去皮洗净，切丝；葱洗净，切花。

❷ 净锅注油烧热，放入藕丝滑炒片刻，加入食盐、剁椒、陈醋炒至入味，待熟装盘撒上葱花即可。

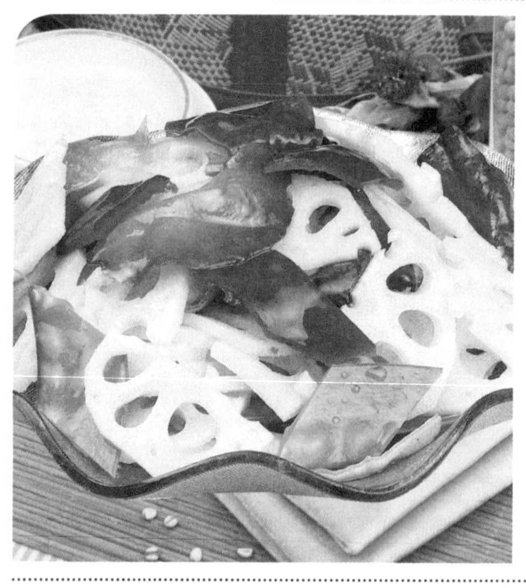

荷塘小炒

材料

莲藕200克，黑木耳50克，荷兰豆50克，红椒10克

调味料

食盐3克，鸡精2克，水淀粉、花生油各适量

制作方法

❶ 莲藕、黑木耳、荷兰豆均洗净，切片；红椒去蒂洗净，切片。

❷ 净锅注油烧热，放入莲藕、黑木耳、荷兰豆、红椒翻炒至八成熟，加入食盐、鸡精炒匀，待熟时用水淀粉勾芡，装盘即可。

如意小炒

材料

莲藕300克，红椒、黄椒、黑木耳各50克

调味料

食盐3克，鸡精2克，水淀粉、花生油各适量

制作方法

❶ 莲藕去皮洗净，切片；红椒、黄椒均去蒂洗净，切片；黑木耳泡发洗净，切小块。

❷ 净锅注油烧热，放入藕片滑炒片刻，再放入黑木耳、红椒、黄椒翻炒，加入食盐、鸡精调味，待熟时，用水淀粉勾芡，装盘即可。

葡萄干土豆泥

材料

土豆200克，葡萄干1小匙

调味料

蜂蜜少许

制作方法

❶ 葡萄干放入温水中泡软后切碎。

❷ 土豆洗净后去皮，然后放入容器中上锅蒸熟，趁热做成土豆泥。

❸ 将土豆做成泥后与碎葡萄干一起放入锅内，加2小匙清水，放在火上用微火煮，熟时加入蜂蜜即可。

珊瑚藕丝

材料

莲藕300克，红椒50克，黄瓜50克

调味料

食盐3克，淀粉、花生油各适量

制作方法

❶ 莲藕去皮洗净，切丝；黄瓜洗净，切片；红椒去蒂洗净，分别切丝、切圈、切菱形片。

❷ 将淀粉加入食盐、适量清水一起搅拌成糊状，放入藕丝，充分混合。

❸ 净锅注油烧热，放入藕丝炸熟，捞出控油装盘，用红椒、黄瓜装饰即可。

泡椒藕丝

材料

莲藕500克，红泡椒适量

调味料

食盐、花生油、红油各适量

制作方法

❶ 将莲藕洗净去节，切成长丝；红泡椒切碎末。

❷ 炒锅注油烧至七成热，倒入红泡椒，炒出辣味。

❸ 接着放入藕丝，翻炒片刻，加少许清水翻炒，再加入食盐和红油炒匀，出锅装盘即可。

双椒藕片

材料

莲藕300克，青、红椒各30克

调味料

食盐3克，鸡精2克，陈醋、花生油各适量

制作方法

❶ 莲藕去皮洗净，切片；青、红椒均去蒂洗净，切圈。

❷ 净锅注油烧热，放入莲藕滑炒片刻，放入青、红椒，加入食盐、鸡精、陈醋调味，炒至断生，装盘即可。

莲藕炒西芹

材料

莲藕、西芹各200克，胡萝卜、紫包菜各50克

调味料

食盐3克，鸡精2克，陈醋、花生油各适量

制作方法

❶ 莲藕去皮洗净，切片；西芹洗净，切段；胡萝卜洗净，切片；紫包菜洗净，切片。

❷ 净锅注油烧热，放入莲藕、西芹、胡萝卜、紫包菜一起翻炒片刻，加入食盐、鸡精、陈醋调味，炒至断生，装盘即可。

干煎糯米藕

材料

莲藕300克，糯米适量，青、红椒各5克，

调味料

食盐3克，老抽、花生油各适量

制作方法

❶ 莲藕去皮洗净，切片；糯米洗净，蒸熟后备用；青、红椒均去蒂洗净，切粒。

❷ 将蒸熟的糯米填入藕片中备用。

❸ 净锅注油烧热，放入藕片炸至八成熟时，放入青椒、红椒，加入食盐、老抽炒匀，装盘即可。

洋葱排骨汤

材料

洋葱150克，猪排骨200克

调味料

姜片10克，食盐5克，味精3克

制作方法

❶ 排骨洗净砍成小段；洋葱洗净切片。

❷ 将排骨段倒入沸水中稍汆后，捞出。

❸ 锅中注水烧开，下入排骨、洋葱、姜片一起炖熟后，调入食盐、味精即可。

糯米藕丸

材料

莲藕300克，糯米50克，香菜、红椒各少许

调味料

食盐3克，淀粉、香油各适量

制作方法

❶ 莲藕去皮洗净，剁蓉；糯米洗净备用；红椒去蒂洗净，切圈；香菜洗净备用。

❷ 将剁好的莲藕与淀粉、适量清水、食盐，搅成泥状，做成丸子，然后沾上糯米，入蒸锅蒸熟后取出摆好盘，淋入香油，用香菜、红椒点缀即可。

南乳炒莲藕

材料

莲藕500克，青、红椒各50克

调味料

香油10毫升，食盐5克，南乳（红腐乳）50克，花生油适量

制作方法

❶ 莲藕去皮洗净，切片；青、红椒洗净，切小块。

❷ 净锅烧热注油，加入藕片、青椒、红椒翻炒。

❸ 腐乳搅拌均匀，倒进藕片锅中，再加入其他调味料，炒匀、炒熟即可。

乳香香芹炒脆藕

材料

莲藕300克，芹菜100克，红椒5克

调味料

红腐乳10克，食盐2克，花生油适量

制作方法

❶ 莲藕洗净，去皮切片；芹菜洗净切段；红椒洗净切丝。

❷ 净锅中注油烧热，下入藕片炒熟，加入芹菜段翻炒。

❸ 倒入红腐乳和食盐炒至入味，加入红椒丝炒匀即可。

回锅莲藕

材料

莲藕300克，花生仁20克，红辣椒5克

调味料

葱末、食盐各3克，花生油适量

制作方法

❶ 莲藕去皮洗净，切丁；花生仁洗净沥干；红辣椒洗净切碎。

❷ 将藕丁入沸水中焯水至熟，捞出沥干。

❸ 锅中注油烧热，下入藕丁和花生仁炒熟，加入食盐和红辣椒炒入味，最后撒上葱末即可。

炒藕丁

材料

莲藕300克，红椒50克，花生仁30克

调味料

食盐3克，葱3克，花生油、豆瓣酱、老抽各适量

制作方法

❶ 莲藕去皮洗净，切丁；红椒去蒂洗净，切丁；花生仁洗净备用；葱洗净，切花。

❷ 净锅注油烧热，放入花生仁炒香后，再放入藕丁、红椒一起炒，加入食盐、豆瓣酱、老抽炒至入味，装盘撒上葱花即可。

老干妈藕夹

材料

莲藕300克

调味料

食盐3克，葱3克，老干妈酱、淀粉、花生油各适量

制作方法

❶ 莲藕去皮洗净，切片；葱洗净，切丝。

❷ 将淀粉加适量清水、食盐，搅成泥状，放入藕片，做成藕夹。

❸ 净锅注油烧热，放入藕夹，炸熟后，捞出沥干控油装盘，淋入老干妈酱，放上葱丝即可。

酥炸藕夹

材料

莲藕300克，白芝麻3克，青、红椒各5克

调味料

食盐3克，姜、蒜各5克，淀粉、花生油各适量

制作方法

1. 莲藕去皮洗净，切片；姜、蒜均去皮洗净，切末；青椒、红椒均去蒂洗净，切末。
2. 淀粉加入清水、食盐，搅成糊状，放入藕片，做成藕夹备用。油烧热，放入藕夹炸至酥脆，捞出控油。另起锅下油，入姜、蒜、青椒、红椒、白芝麻炒香，放入藕夹炒匀，装盘即可。

酸辣藕丁

材料

莲藕400克，小米椒30克，泡椒30克

调味料

食盐4克，陈醋10毫升，香油5毫升，花生油适量

制作方法

1. 将莲藕洗净泥沙，切成小丁后，放入沸水中稍烫，捞出沥水备用。
2. 将小米椒、泡椒切碎备用。
3. 净锅上火，注油烧热，放入小米椒、泡椒炒香，加入莲藕丁，调入调味料，炒匀入味即可。

荷兰豆煎藕饼

材料

莲藕250克，猪瘦肉200克，荷兰豆50克

调味料

食盐3克，味精1克，白糖3克，花生油适量

制作方法

1. 莲藕去皮洗净，切成连刀块。
2. 猪瘦肉洗净剁成末，拌入调味料；荷兰豆去筋，焯水。
3. 将猪肉馅放入藕夹中，入锅煎至金黄色，装盘，再摆上荷兰豆即可。

啤酒藕

材料

嫩莲藕1节，啤酒1罐，面粉50克

调味料

白糖30克，淀粉50克，花生油、苏打粉、水淀粉各适量

制作方法

1. 藕削皮洗净，切块，拍上淀粉；将淀粉、面粉、苏打粉和半罐啤酒调成啤酒糊，让藕块裹上啤酒糊。
2. 油烧至六成热时将裹满啤酒糊的藕块放入，炸至糊结壳时捞出。另起锅烧热，放入啤酒、白糖烧开后用水淀粉勾芡，起锅浇在藕块上即可。

糯米甜藕

材料

嫩莲藕100克，糯米50克

调味料

蜂蜜8克，冰糖10克，桂皮、八角各10克

制作方法

❶ 糯米、桂皮、八角洗净；莲藕去皮，洗净，灌入糯米。

❷ 高压锅内放入灌好的莲藕、桂皮、八角、蜂蜜、冰糖。

❸ 加水煲1小时，晾凉，切片即可。

糯米莲藕

材料

莲藕300克，糯米适量，黄瓜100克，青、红椒各10克

调味料

食盐3克，老抽、香油各适量

制作方法

❶ 莲藕去皮洗净，切片；糯米洗净，蒸熟备用；黄瓜去皮洗净，切片；青椒、红椒均去蒂洗净，切粒。

❷ 将蒸熟的糯米填入莲藕孔中，摆好盘，撒上青椒、红椒，用食盐、老抽、香油做成味汁均匀地淋在莲藕上，入蒸锅蒸熟后取出，用切好的黄瓜片装饰即可。

话梅山药

材料

山药300克，话梅4颗

调味料

冰糖适量

制作方法

❶ 山药去皮，洗净，切长条，入沸水中焯熟后，放入冰水中冷却后装盘。

❷ 锅置火上，加入少量清水，放入话梅和冰糖，熬至冰糖融化，倒出晾凉，再倒在山药上。

❸ 将山药放入冰箱冷藏1小时，待汤汁渗入后取出即可食用。

凉拌山药丝

材料

山药500克，水发木耳10克

调味料

姜丝9克，葱丝9克，白糖、陈醋、香油、食盐、橙汁各适量

制作方法

❶ 将山药去皮洗净，切成细丝，用凉水洗5分钟，放入沸水中焯一下，捞起放入冷开水中过凉，捞起沥干水分。

❷ 将木耳洗净，切成细丝；将葱、姜丝和食盐、木耳丝一起拌入山药丝中。

❸ 将香油、陈醋、白糖和橙汁调成汁，浇在山药丝上即可。

糖水泡莲藕

材料

莲藕300克，糯米适量

调味料

白糖5克，鲜汤适量

制作方法

❶ 莲藕去皮洗净，切片；糯米用清水淘洗干净后，塞入莲藕孔中，一起入蒸锅蒸熟后，取出摆盘。

❷ 将鲜汤倒入锅中烧开，放入白糖，烧至溶化，做成味汁，均匀地淋在莲藕上即可。

橙汁山药

材料

山药500克，枸杞8克

调味料

白糖30克，淀粉25克，橙汁100毫升

制作方法

❶ 山药洗净，去皮，切条，入沸水中煮熟，捞出，沥干水分；枸杞洗净稍泡备用。

❷ 橙汁加热，加糖，最后用水淀粉勾芡成汁。

❸ 将加工后的橙汁淋在山药上，腌渍入味，放入枸杞即可。

冰脆山药片

材料

山药400克

调味料

白糖10克

制作方法

❶ 山药去皮洗净，切成片。

❷ 锅中注水，大火烧开后，将山药片放入开水中焯一下，捞出排入盘中。

❸ 撒上白糖，放入冰箱中冰镇后取出即可。

椰奶山药

材料

山药300克，枸杞少许，椰奶20克

调味料

白糖5克，蜂蜜3克

制作方法

❶ 山药洗净，切成长块，用沸水焯熟后，捞出摆于盘中。

❷ 枸杞洗净，用热水焯过后待用。

❸ 将白糖、蜂蜜、椰奶调匀，浇在山药上，再撒上枸杞即可。

梅子拌山药

材料

山药300克，西梅20克，话梅15克

调味料

白糖、食盐各适量

制作方法

❶ 山药去皮，洗净,切长条，放入沸水中煮至断生，捞出沥干水分后码入盘中。

❷ 锅中放入西梅、话梅、白糖和适量食盐，熬至汁见稠为止。

❸ 汁放凉后浇在码好的山药上即可。

冰晶山药

材料

山药200克，红椒50克，冰块300克

调味料

白糖20克，食盐少许

制作方法

❶ 山药洗净，去皮，切成条，泡在食盐水中；红椒洗净，切成丝备用。

❷ 将上述材料放入开水中稍烫，捞出，沥干水分。

❸ 将山药、红椒、冰块放入容器，加入白糖搅拌均匀，装盘即可。

桂花山药

材料

山药250克

调味料

桂花酱50克，白糖50克

制作方法

❶ 山药去皮，洗净，切片，入开水锅中焯水后，捞出沥干。

❷ 净锅上火，注入清水，倒入白糖、桂花酱烧开至呈浓稠状味汁。

❸ 将味汁浇在山药片上即可。

蒜薹炒山药

材料

山药200克，蒜薹200克，红椒适量

调味料

食盐3克，花生油适量

制作方法

❶ 将山药去皮洗净，斜切成片；蒜薹洗净，切段；红椒洗净切丝。

❷ 热锅注油，放入蒜薹段和山药片翻炒至八成熟，加入红椒丝翻炒至熟，调入食盐炒匀即可。

山药炒胡萝卜

材料

山药、胡萝卜各200克

调味料

冰糖、蜂蜜、食盐各适量

制作方法

❶ 山药、胡萝卜洗净切块，分别焯水，沥干。

❷ 冰糖、蜂蜜、食盐，加入清水放入锅中煮，汤汁熬浓稠时，加入山药、胡萝卜翻炒均匀即可。

枸杞山药牛肉汤

材料

山药200克，牛肉125克，枸杞5克，香菜末3克

调味料

食盐5克

制作方法

❶ 将山药去皮洗净切块；牛肉洗净切块汆水；枸杞洗净备用。

❷ 净锅上火注入清水，调入食盐，下入山药、牛肉、枸杞煲至熟，撒入香菜末即可。

红油竹笋

材料

竹笋300克

调味料

食盐5克，味精3克，红油10毫升

制作方法

❶ 竹笋洗净后，切成滚刀斜块。

❷ 再将切好的笋块入沸水中稍焯后，捞出，盛入盘内。

❸ 淋入红油，加入其他调味料一起拌匀即可。

银杏百合拌鲜笋

材料

银杏200克，鲜百合100克，芦笋150克

调味料

食盐3克，味精2克，香油适量

制作方法

❶ 银杏去壳、皮、心尖；鲜百合洗净，削去黑边；芦笋洗净，切段；净锅加入清水烧沸，下入银杏、百合、芦笋焯烫至熟，装盘。

❷ 将所有调味料制成味汁后，淋入盘中拌匀即可。

凉拌双笋

材料

竹笋500克，莴笋250克

调味料

食盐、味精、白糖、香油各适量

制作方法

❶ 竹笋、莴笋分别去皮洗净，切成滚刀片。

❷ 再将竹笋投入开水锅中煮熟，捞出沥干水分；莴笋于锅中略焯水，捞出沥干水分。

❸ 双笋都盛入碗内，加入食盐、味精和白糖拌匀，再淋入香油调味即可。

凉拌笋干

材料

笋干300克，红椒5克

调味料

食盐3克，香油、老抽各适量

制作方法

1. 笋干泡发洗净，切段；红椒去蒂洗净，切丝。
2. 净锅入水烧沸，放入笋干、红椒焯熟后，捞出沥干装盘。
3. 加入食盐、香油、老抽与笋干一起拌匀即可。

天目笋干

材料

天目笋干400克，红椒10克

调味料

食盐4克，味精2克，香油10毫升

制作方法

1. 将笋干用清水浸胀，入沸水中焯熟后捞出，撕成细条，切段；红椒洗净，切丝备用。
2. 将笋干放入一个容器，加入食盐、味精、香油拌匀；红椒在开水中稍烫一下。
3. 将拌好的笋干装盘，撒上甜椒即可。

凉拌笋丝

材料

竹笋400克

调味料

食盐3克，葱3克，香油、红油各适量

制作方法

1. 竹笋洗净，切丝；葱洗净，切花。
2. 净锅入水烧沸，放入竹笋丝焯熟后，捞出沥干装盘。
3. 加入食盐、香油、红油一起搅拌均匀，撒上葱花即可。

茶油竹笋

材料

竹笋300克，香菜、红椒各20克

调味料

食盐3克，鸡精2克，茶油适量

制作方法

❶ 竹笋洗净，切片；香菜洗净，切段；红椒去蒂洗净，切丝。

❷ 净锅入水烧开，放入竹笋焯熟后，捞出沥干装盘，放入香菜、红椒、加入食盐、鸡精、茶油一起拌匀即可。

手撕竹笋

材料

竹笋300克，泡椒10克，红椒5克

调味料

食盐3克，香油适量

制作方法

❶ 竹笋洗净，切长条；红椒去蒂洗净，切圈。

❷ 净锅入水烧沸，放入竹笋焯熟后，捞出沥干装盘，加入食盐、香油、泡椒、红椒一起拌匀即可。

香油竹笋

材料

竹笋300克，青、红椒各10克

调味料

食盐3克，白醋、香油各适量

制作方法

❶ 竹笋洗净，切段；青椒、红椒均去蒂洗净，切段。

❷ 净锅入水烧开，分别将竹笋、青椒、红椒焯熟后，捞出沥干摆盘。

❸ 用食盐、白醋、香油拌匀即可。

韭菜薹拌竹笋

材料

竹笋150克，韭菜薹50克

调味料

食盐3克，味精3克

制作方法

❶ 竹笋洗净切条；韭菜薹洗净切段。

❷ 将笋条和韭菜段依次倒入沸水中焯熟，捞出沥干水分后装入碗内。

❸ 加入所有调味料拌匀后装盘即可。

银杏山药

材料

山药300克，银杏20粒

调味料

食盐、味精、陈醋、料酒、白糖、香油各适量

制作方法

❶ 将山药去皮洗净，切成块，焯水待用。

❷ 银杏去壳，锅中油低温时下入银杏，出锅后脱膜去心。

❸ 油锅上火，放入山药、银杏和所有调味料、清水，烧至入味，淋入香油即可。

黄花菜炒笋干

材料

天目笋干200克，黄花菜100克

调味料

食盐5克，味精2克，香油少许

制作方法

❶ 将笋干用清水浸胀，入沸水中焯熟后捞出，撕成细条，切段。

❷ 黄花菜先焯水，切细待用。

❸ 炒锅注油烧热下入笋干、黄花菜稍炒，加入食盐、味精、香油调味，装盘即可。

酸菜炒小笋

材料

小笋250克，酸菜100克，红辣椒30克

调味料

葱30克，生抽10毫升，食盐5克，花生油适量

制作方法

❶ 小笋洗净切成丁；酸菜洗净切丁；葱洗净，切成葱花；红辣椒洗净，切成椒圈。

❷ 净锅烧热注油，油烧热时加入红辣椒、葱花爆香，然后下入小笋、酸菜、生抽、食盐一起煸炒，小火收汁，装盘即可。

蒜薹玉米笋

材料

蒜薹300克，玉米笋100克

调味料

老干妈辣酱、食盐、味精、白糖、花生油、蒜片各适量

制作方法

❶ 蒜薹洗净，切长段；玉米笋洗净烫熟待用。

❷ 锅中注油，烧至四成热时，将蒜薹放入，炒至断生捞出。

❸ 锅底留油，下入蒜薹、玉米笋、老干妈辣酱、食盐、味精、白糖、蒜片炒匀即可。

荠菜炒冬笋

材料

冬笋450克，荠菜末30克

调味料

老抽6毫升，白糖3克，味精4克，花椒12克，料酒6毫升，花生油适量

制作方法

❶ 冬笋洗净切小块；锅中注油少许，将花椒炸出香味，捞出。

❷ 倒入冬笋煸炒，加入老抽、白糖、料酒，加盖焖烧至入味，加入荠菜末、味精炒匀，淋入香油即可。

干煸冬笋

材料

嫩冬笋尖300克，红椒10克，青椒10克

调味料

食盐、花生油、味精各适量

制作方法

❶ 冬笋洗净，切成条。

❷ 锅中注油烧热，投入冬笋条炸至出水后捞出；待油温上升时，再炸至焦黄，捞出沥油。

❸ 净锅烧热，注少许油，倒入笋翻炒，加入青椒、红椒、食盐和味精炒熟即可。

雪里蕻炖春笋

材料

春笋400克，雪里蕻150克，火腿10克

调味料

食盐、鸡精、花生油、鸡汤、香油各少许

制作方法

❶ 春笋洗净切丝；雪里蕻洗净切段；火腿切丝。

❷ 炒锅注油上火，倒入春笋丝、火腿丝，炒至七成熟。

❸ 倒入雪里蕻、鸡汤、食盐，煮沸；加入鸡精，淋入香油即可。

鲈鱼笋片汤

材料

鲈鱼300克，竹笋200克，香菜5克

调味料

姜4片，食盐适量，香油、米酒各5毫升

制作方法

❶ 鲈鱼洗净切小块；竹笋剥壳，切滚刀块备用。

❷ 将所有材料放入锅中，加入清水以中小火煮沸，转小火续煮10分钟，加入调味料煮沸即可。

香椿莴笋丝

材料

香椿芽50克，莴笋200克，红椒5克

调味料

食盐2克，味精1克，生抽8毫升，香油10毫升

制作方法

❶ 香椿芽洗净；莴笋、红椒均洗净切丝。

❷ 锅中加水烧开，放入香油、食盐、味精，将香椿、莴笋、红椒放分别放入烫熟，沥干水分；将莴笋盛入盘底，上面放上香椿芽、红椒。

❸ 淋入生抽、香油即可。

爽口莴笋丝

材料

莴笋180克，红椒3克

调味料

食盐3克，鸡精2克，陈醋5毫升，生抽10毫升

制作方法

❶ 莴笋洗净，去皮，切成细丝，放入开水中焯熟，沥干装盘；红椒洗净，去籽，切成细丝。

❷ 将食盐、鸡精、陈醋、生抽调成味汁。

❸ 将味汁淋在莴笋上，撒上红椒即可。

芥味莴笋丝

材料

莴笋200克，红椒5克，

调味料

食盐3克，陈醋、香油、生抽各8毫升，芥末粉15克

制作方法

❶ 将莴笋去叶、皮，洗净切丝，放入开水中焯熟；红椒洗净，切丝。

❷ 将芥末粉，加入食盐、陈醋、香油、生抽和温开水，搅匀成糊状，待飘出香味时，淋在莴笋上。

❸ 撒上红椒丝即可。

黑芝麻拌莴笋丝

材料

莴笋300克，熟黑芝麻少许

调味料

食盐3克，味精1克，陈醋6毫升，生抽10毫升

制作方法

❶ 莴笋去皮洗净，切丝。

❷ 锅中注水烧沸，放入莴笋丝焯熟后，捞起沥干并装入盘中。

❸ 加入食盐、味精、陈醋、生抽拌匀，撒上熟黑芝麻即可。

香油莴笋丝

材料

莴笋200克，红椒5克

调味料

食盐3克，生抽10毫升，香油10毫升

制作方法

❶ 莴笋洗净，去皮，切成丝，放入热水中焯熟。

❷ 红椒洗净，去蒂、籽，切成丝，放入水中焯一下。

❸ 将生抽、食盐调成味汁，与莴笋、红椒一起拌匀，淋入香油即可。

大刀笋片

材料

莴笋400克，枸杞30克

调味料

食盐5克，味精5克，白糖5克，香油15毫升

制作方法

❶ 将莴笋去皮洗净后用刀切成大刀片，放入开水中焯至断生，捞起沥干水分，装盘。

❷ 枸杞洗净，放入开水中烫熟，撒在莴笋片上。

❸ 把调味料一起放碗入中拌匀，淋在笋片上即可。

姜汁莴笋

材料

莴笋400克，红椒适量

调味料

姜25克，陈醋、老抽、香油、食盐各适量

制作方法

❶ 将姜去皮切成末，用陈醋泡半个小时。

❷ 将莴笋去皮洗净，切成条，盛入碗中待用。

❸ 等姜醋汁泡好后，连汤带水地倒入盛有莴笋块的碗中，加入老抽、食盐和香油，拌匀后加盖静置20分钟，摆上红椒装饰即可。

鸡汁脆笋

材料

竹笋400克，红椒5克

调味料

食盐3克，葱、蒜各5克，鸡汁、花生油各适量

制作方法

❶ 竹笋洗净，切条状；红椒去蒂洗净，切条状；葱洗净，切段；蒜去皮洗净，切末。

❷ 净锅入水烧沸，放入竹笋焯水后捞出沥干。

❸ 净锅注油烧热，入蒜爆香后，再入竹笋翻炒片刻，放入红椒、葱段，加入食盐炒匀，倒入鸡汁烧熟后，盛盘即可。

鲍汁扣笋尖

材料

笋尖200克，老鸡肉适量，火腿250克，猪瘦肉100克，腔骨300克

调味料

食盐5克，鸡精5克，香油20毫升，白糖10克，鸡油30克，鲍鱼汁100毫升

制作方法

1. 将全部材料洗净切好；鸡肉、火腿、鸡油、猪瘦肉、腔骨放入锅内，加入开水，用小火熬12个小时，加上鲍鱼汁即成鲍汁。
2. 将笋尖切好，放至锅中用清水煮熟后捞出，再整齐地扣在碟内待用。
3. 将扣好的笋尖加上其他调味料和鲍汁，拌匀即可。

尖椒莴笋条

材料

莴笋150克，红、绿泡椒各25克

调味料

老盐水700毫升，淡盐水少许，食盐5克，醪糟汁、料酒各10毫升，香料包1个

制作方法

1. 莴笋去叶、皮，洗净，切条，用淡盐水泡1小时，捞起，晾干。
2. 老盐水、食盐、料酒、醪糟汁拌匀装入坛中，放莴笋及香料包，密封，泡1小时。
3. 将莴笋捞出，盛盘，放红、绿泡椒拌匀即可。

葱油莴笋条

材料

莴笋300克

调味料

食盐2克，味精2克，香油8毫升，花椒5克，葱4克，花生油适量

制作方法

1. 莴笋去皮洗净，切成长块；花椒洗净；葱洗净，切末。
2. 锅内注水，大火烧开后，将莴笋块放入开水中焯一下，捞出置于盘中控干。
3. 炒锅注油烧热，放入葱末、花椒炒香，加入食盐、味精、香油调成味汁，浇在莴笋块上即可。

香辣莴笋条

材料

莴笋300克，青、红椒各5克

调味料

干辣椒5克，食盐3克，鸡精2克，花生油、红油各适量

制作方法

1. 莴笋去皮洗净，切条；青、红椒均去蒂洗净，切条；干辣椒洗净，切段。
2. 净锅注水烧开，放入莴笋焯熟后，捞出沥干码好盘。
3. 净锅注油烧热，入青椒、红椒、干辣椒爆香，加入食盐、鸡精、红油做成味汁，均匀地淋在莴笋上即可。

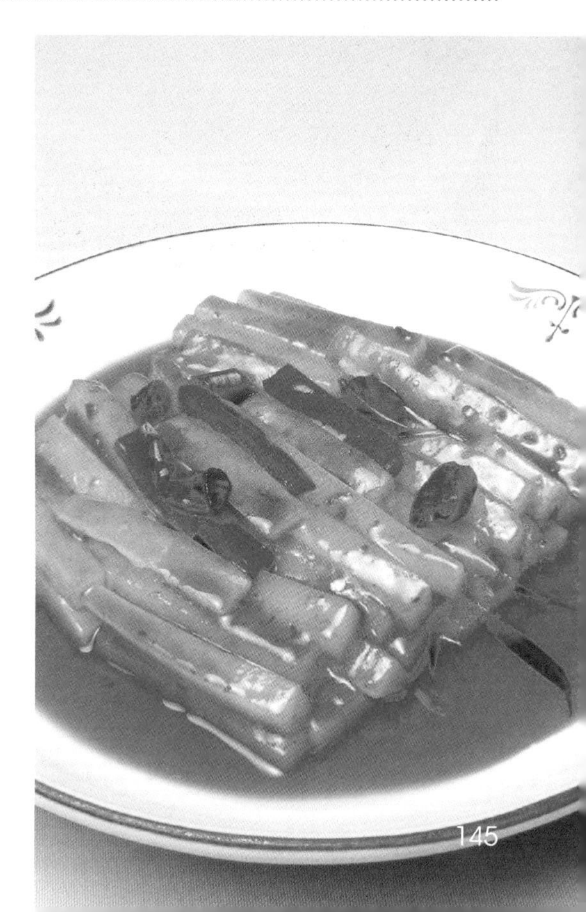

核桃仁拌莴笋丁

材料

莴笋300克，核桃仁150克，红豆80克

调味料

陈醋20毫升，白糖25克

制作方法

❶ 莴笋洗净，去皮，切丁；红豆用水浸泡备用。

❷ 红豆放入开水中煮熟，捞出，放入容器中；莴笋在开水中稍烫，捞出，放入容器。

❸ 往容器中加核桃仁、白糖、陈醋搅拌均匀，装盘即可。

香油莴笋块

材料

莴笋块300克，胡萝卜片、红椒片、黄椒片各10克

调味料

食盐3克，蒜末3克，花生油、红油、香油各适量

制作方法

❶ 所有原材料洗净。

❷ 净锅入水烧开，放入莴笋块焯熟后，捞出沥干装盘。

❸ 另起锅注油，入蒜末爆香后，放入胡萝卜、红椒、黄椒略炒盛入盘中，加食盐、香油与莴笋一起拌匀，红油做成味碟，蘸食即可。

醉冬笋

材料

冬笋500克

调味料

胡椒粉1克，料酒20毫升，食盐3克，生鸡油适量

制作方法

❶ 将冬笋外壳剥去，洗净，切条。

❷ 取一大碗，加入清汤100毫升和生鸡油外的调味料搅匀，再加入冬笋条；将生鸡油覆盖在上面，放入蒸笼中，蒸约30分钟取出。

❸ 取冬笋条，在盘中码放整齐；将适量原汁淋入冬笋条上即可。

酸辣莴笋

材料

莴笋300克，泡椒5克

调味料

食盐3克，香油适量

制作方法

❶ 莴笋去皮洗净，切条。

❷ 净锅入水烧开，加入食盐，放入莴笋焯熟后，捞出沥干摆盘，放入泡椒，淋入香油即可。

爽口莴笋条

材料

莴笋300克，黄瓜50克，红椒10克

调味料

食盐3克，香油、陈醋各适量

制作方法

❶ 莴笋去皮洗净，切条；黄瓜洗净，切条；红椒去蒂洗净，切条。

❷ 净锅入水烧开，分别将莴笋、黄瓜、红椒焯水后，捞出沥干码好盘。

❸ 加入食盐、香油、陈醋调味，拌匀即可。

莴笋拌腰豆

材料

莴笋200克，腰豆100克，红椒5克

调味料

食盐3克，香油适量

制作方法

❶ 莴笋去皮洗净，切菱形块；红椒去蒂洗净，切片；腰豆泡发洗净备用。

❷ 净锅入水烧开，分别将莴笋、腰豆焯熟后，捞出沥干装盘。

❸ 加入食盐、香油拌匀，用红椒点缀即可。

莴笋拌火腿

材料

莴笋200克，火腿200克

调味料

葱10克，食盐5克，味精少许

制作方法

❶ 火腿洗净切成小条；莴笋去皮切成小条。

❷ 净锅上火，注水烧沸，下入莴笋条焯熟后，捞出。

❸ 将焯好的莴笋装入碗内，加入火腿条、调味料一起拌匀即可。

清炒莴笋丝

材料

莴笋400克

调味料

食盐2克，鸡精1克，花生油适量

制作方法

❶ 将莴笋去皮，洗净，切成细丝。

❷ 炒锅注油烧热，放入莴笋丝翻炒3分钟。

❸ 调入食盐、鸡精调味，起锅装盘即可。

莴笋蒜薹

材料

莴笋350克，蒜薹100克，红、黄彩椒各1个

调味料

食盐4克

制作方法

❶ 莴笋去皮，取茎，洗净切粗丝；蒜薹洗净切段；彩椒洗净切条。

❷ 锅中注油烧热，倒入莴笋、蒜薹、彩椒，翻炒将熟时放入食盐调味，炒熟即可。

莴笋秀珍菇

材料

秀珍菇200克，莴笋350克，红椒1个

调味料

食盐、白糖、味精、黄酒、水淀粉、素鲜汤各适量

制作方法

❶ 莴笋去皮，洗净切菱形片；秀珍菇洗净切片；红椒洗净切片。

❷ 净锅上火，倒入素鲜汤、秀珍菇片、莴笋片、红椒片炒匀，加黄酒、食盐、白糖、味精烧沸，用水淀粉勾芡即可。

炝莴笋条

材料

莴笋300克

调味料

食盐3克，鸡精2克，干辣椒3克，香油、花生油各适量

制作方法

❶ 莴笋去皮洗净，切条；干辣椒洗净，切段。

❷ 净锅注油烧热，入干辣椒爆香后，放入莴笋翻炒片刻，加入食盐、鸡精炒至入味，装盘淋入香油拌匀即可。

干锅莴笋片

材料

莴笋300克，猪五花肉150克，红椒20克

调味料

食盐3克，鸡精2克，姜3克，花生油、老抽、陈醋各适量

制作方法

❶ 莴笋去皮洗净，切片；五花肉洗净，切片；红椒去蒂洗净，切段；姜去皮洗净，切末。

❷ 净锅注油烧热，入姜末爆香后，放入五花肉炒至出油，再放入莴笋、红椒略炒，加入食盐、鸡精、老抽、陈醋炒匀，加适量清水，盛入干锅，烧熟即可食用。

芦笋炒银耳

材料

芦笋200克，银耳100克，虾仁50克

调味料

食盐3克，鸡精2克，花生油适量

制作方法

❶ 芦笋洗净，切段；银耳泡发洗净，备用；虾仁洗净，切片。

❷ 净锅入水烧开，放入芦笋焯烫，捞出沥干备用。

❸ 净锅注油烧热，放入芦笋、银耳、虾仁滑炒至八成熟，加入食盐、鸡精调味，待熟装盘即可。

莴笋丝炒金针菇

材料

莴笋200克，金针菇100克，青、红椒各50克

调味料

食盐3克，鸡精2克，花生油、水淀粉适量

制作方法

❶ 莴笋去皮洗净，切丝；金针菇去掉根部洗净；青椒、红椒均去蒂洗净，切丝。

❷ 净锅注油烧热，放入莴笋丝滑炒片刻，再放入金针菇、青椒、红椒翻炒，加入食盐、鸡精炒至入味，起锅前用水淀粉勾芡，装盘即可。

三鲜扒芦笋

材料

芦笋200克，虾仁100克，猪肥肉100克，猪皮100克，红椒10克

调味料

食盐3克，鸡精2克，陈醋、水淀粉各适量

制作方法

❶ 所有原材料洗净、改刀。

❷ 净锅注水烧开，放入芦笋焯烫片刻，捞出沥干水分备用。

❸ 净锅注油烧热，放入猪肥肉、猪皮、虾仁滑炒片刻，放入芦笋、红椒一起翻炒，加入食盐、鸡精、陈醋调味，待熟时用水淀粉勾芡装盘即可。

锦绣芋头

材料

芋头200克，番茄100克，青豆100克，腰豆50克，西瓜100克，黄桃50克，青椒10克

调味料

食盐3克，高汤适量

制作方法

❶ 所有原材料洗净、改刀。

❷ 净锅入水烧开，分别将芋头、青豆、腰豆焯至八成熟，捞出沥干备用。

❸ 净锅注油烧热，放入芋头、青豆、腰豆、青椒略炒，加入番茄、西瓜、黄桃，加入食盐，倒入高汤，煮开装盘即可。

松仁芋头

材料

芋头200克，松仁50克，白芝麻5克

调味料

食盐3克，番茄酱20克，水淀粉、花生油各适量

制作方法

❶ 芋头去皮洗净，切块；松仁、白芝麻均洗净备用。

❷ 将水淀粉加入食盐拌匀，均匀地裹在芋头块上。

❸ 净锅注油烧热，放入芋头炸熟后捞出控油。另起锅注油，将白芝麻、松仁炸香，放入炸好的芋头，加入番茄酱熘炒片刻，起锅装盘即可。

双椒香芋

材料

芋头300克，青、红椒各5克

调味料

食盐3克，鸡精2克，老抽、水淀粉各适量

制作方法

❶ 芋头去皮洗净，切块；青椒、红椒均去蒂洗净，切丝。

❷ 净锅入水烧开，放入芋头焯烫片刻，捞出沥干水分备用。

❸ 净锅入油烧热，注入芋头滑炒，加入食盐、鸡精、老抽炒至入味，待熟时用水淀粉勾芡装盘，用青椒丝、红椒丝点缀即可。

芋头烧肉

材料

猪五花肉250克，芋头150克，泡椒20克

调味料

豆瓣、胡椒粉各少许，花生油、料酒、白糖、食盐、鲜汤、花椒粒各适量，葱花5克

制作方法

❶ 五花肉洗净，切成小块；芋头去皮洗净，切滚刀块。

❷ 将五花肉和芋头过油后，捞出备用。

❸ 锅中油烧热，下入豆瓣炒红，放入花椒粒、葱花略炒，加入鲜汤熬汁后去渣料，放五花肉，调入胡椒粉、料酒、泡椒，肉熟时倒入芋头烧至熟软，倒入剩余调味料即可。

芦笋炒五花肉

材料

芦笋200克，猪五花肉100克，红椒10克

调味料

食盐3克，鸡精2克，姜3克，老抽适量

制作方法

❶ 所有原材料洗净、改刀。

❷ 净锅入水烧开，放入芦笋焯烫一会儿，捞出沥干水分备用。

❸ 净锅注油烧热，放入五花肉略炸，放入姜末炒香，再放入芦笋、红椒翻炒，加入其余调味料炒至入味，待熟起锅装盘即可。

上汤芦笋

材料

芦笋150克

调味料

鸡汤300毫升，姜丝10克，食盐5克，鸡精1克，胡椒粉1克

制作方法

❶ 芦笋洗净切段。

❷ 净锅上火，注水烧开，下入芦笋段稍焯后，捞起装盘。

❸ 将鸡汤调入调味料煮开，淋在芦笋上即可。

XO酱蒸芋头

材料

芋头80克

调味料

XO酱15克，料酒、红油各15毫升，蚝油10毫升

制作方法

❶ 芋头洗净，去皮，切成小方块，上锅用大火蒸8分钟，待芋头蒸熟后取出。

❷ 将芋头排入盘中，然后淋入料酒、红油、蚝油、XO酱。

❸ 把蒸锅的水煮开，把盘子放入锅里，隔水再蒸大约30分钟即可。

芋头烧鸡

材料

鸡肉300克，芋头200克

调味料

食盐5克，味精1克，生抽5克，姜片5克，葱花5克

制作方法

❶ 芋头洗净切成块；鸡肉洗净剁成块。

❷ 将鸡肉块、芋头倒入沸水中汆烫后，捞出。

❸ 净锅中注油烧热，下入鸡肉滑炒，加入芋头、调味料，加适量清水烧至熟即可。

烧芋头

材料

芋头400克，肉末100克，红椒30克

调味料

食盐3克，葱3克，老抽、花生油、淀粉各适量

制作方法

❶ 所有原材料洗净、改刀。将淀粉加入适量清水搅成糊状，加芋头充分混合。

❷ 净锅注油烧热，放入芋头炸至表面金黄色，捞出沥干控油。另起锅注油，入肉末略炒，放入炸好的芋头、红椒，加入食盐、老抽炒匀，加适量清水煮熟，撒上葱花即可。

芋头牛肉粉丝煲

材料

牛肉250克，芋头150克，粉丝30克

调味料

食盐少许，老抽2毫升，葱花4克

制作方法

❶ 牛肉洗净、切块、汆水；芋头去皮、洗净、切块；粉丝泡透切段备用。

❷ 净锅上火倒入清水，下入牛肉、芋头，调入老抽、食盐，煲至快熟时，下入粉丝再续煲至熟，撒入葱花即可。

火腿肠香芋丝

材料

芋头400克，火腿肠100克，红椒30克

调味料

食盐3克，姜、蒜各10克，鸡精2克，花生油适量

制作方法

1. 芋头去皮洗净，切长条；火腿肠洗净，切丁；红椒去蒂洗净，切丁；姜、蒜去皮洗净，切末。
2. 净锅注油烧热，放入芋头翻炒，加入食盐、鸡精炒匀，再加入适量清水煮熟装盘。
3. 另起锅注油，入姜、蒜爆香，放入火腿肠、红椒炒香盛在芋头上即可。

尖椒炖芋头

材料

芋头500克，乌椒40克，红辣椒40克

调味料

蒜泥10克，红油15毫升，食盐4克，味精2克，鸡精2克

制作方法

1. 将芋头煮熟后，剥去皮，切成块；乌椒、红辣椒去蒂、籽，切成小段备用。
2. 将芋头下锅，加入适量清水，用小火焖煮10分钟。
3. 再放入备好的乌椒、红辣椒、蒜泥，加入调味料，盖好盖，焖5分钟至芋头熟烂入味即成。

芋头南瓜煲

材料

芋头600克，南瓜500克，炸花生仁50克

调味料

葱油少许，食盐5克，鸡精5克，淡奶100毫升，鸡汤2000毫升，花生油适量

制作方法

❶ 芋头和南瓜去皮洗净，切长条；花生仁去皮拍碎备用。

❷ 将芋条蒸30分钟至熟软；南瓜入油锅炸熟，沥干油分。

❸ 砂锅上火，放入芋条、南瓜条，加入鸡汤，调入食盐、鸡精、淡奶，用慢火煲熟，待鸡汤快收干时撒上花生仁，淋入葱油即可。

芋头排骨汤

材料

猪排骨350克，芋头300克，白菜100克，枸杞30克

调味料

葱花20克，料酒5毫升，食盐3克，味精1克

制作方法

❶ 猪排骨洗净，剁块，汆烫后捞出；芋头去皮，洗净；白菜洗净，切碎。

❷ 净锅注油烧热，放入排骨煎至黄色，加入料酒炒匀后，加入沸水，撒入枸杞，炖1小时，加入芋头、白菜煮熟。

❸ 加入食盐、味精调味，撒上葱花起锅即可。

香油玉米

材料

玉米粒300克，青、红椒各20克

调味料

食盐3克，香油8毫升，味精2克

制作方法

❶ 将青、红椒洗净去蒂、籽，切成粒。

❷ 净锅上火，注水烧沸后，将玉米粒下入稍焯，捞出，盛入碗内。

❸ 玉米碗内加入青、红椒粒和所有调味料一起拌匀即可。

沙拉玉米粒

材料

玉米粒、黄瓜各150克，红椒30克

调味料

沙拉酱适量

制作方法

❶ 玉米粒洗净备用；黄瓜洗净，切丁；红椒去蒂洗净，切丁。

❷ 净锅入水烧开，将玉米粒焯熟后，捞出沥干装盘，放入红椒、黄瓜，加沙拉酱搅拌均匀即可。

芋头汤

材料

芋头300克，红椒、香菜各30克

调味料

食盐3克，鸡精2克，高汤适量

制作方法

❶ 芋头去皮洗净，切丁；红椒去蒂洗净，切丁；香菜洗净，切段。

❷ 将高汤倒入锅中烧开，放入芋头，加入食盐、鸡精调味，待熟时放入红椒、香菜略煮片刻，装盘即可。

玉米炒猪肉

材料

玉米粒200克，猪瘦肉150克，红椒20克

调味料

食盐3克，葱3克，鸡精2克，花生油适量

制作方法

❶ 玉米粒洗净备用；猪瘦肉洗净，切丁；红椒去蒂洗净，切丁；葱洗净，切花。

❷ 净锅注油烧热，放入猪瘦肉炸至出油，再放入玉米粒滑炒，加入食盐、鸡精调味，放入红椒，炒熟装盘，撒上葱花即可。

芋头鸭煲

材料

鸭肉200克，芋头300克

调味料

食盐3克，味精1克，花生油适量

制作方法

❶ 鸭肉洗净，入沸水中焯去血水后，捞出切成长块；芋头去皮洗净，切块。

❷ 锅内注油烧热，下入鸭块稍翻炒至变色后，注入适量清水，加入芋头块焖煮。

❸ 待焖至熟后，加入食盐、味精调味，起锅装入煲中即可。

枸杞炒玉米

材料

甜玉米粒300克，水发枸杞5克

调味料

食盐、味精、花生油、水淀粉各适量

制作方法

❶ 甜玉米粒和枸杞分别用开水焯一下。

❷ 炒锅注油烧热，倒入甜玉米粒、枸杞、食盐、味精一起翻炒，用水淀粉勾芡即可。

松仁鸡肉炒玉米

材料

玉米粒200克，松仁、黄瓜、胡萝卜各50克，鸡肉150克

调味料

食盐3克，鸡精2克，水淀粉适量

制作方法

1. 玉米粒、松仁均洗净备用；鸡肉洗净，切丁；黄瓜洗净，一半切丁，一半切片；胡萝卜洗净，切丁。
2. 净锅注油烧热，放入鸡肉、松仁略炒，再放入玉米粒、黄瓜丁、胡萝卜翻炒片刻，加入食盐、鸡精调味，待熟用水淀粉勾芡，装盘，将切好的黄瓜片摆在四周即可。

百合炒玉米

材料

玉米粒200克，百合、胡萝卜各50克，黄瓜150克

调味料

食盐3克，鸡精2克，老抽、花生油、水淀粉各适量

制作方法

1. 玉米粒洗净备用；百合、胡萝卜均洗净，切片；黄瓜洗净，切片。
2. 净锅入水烧开，放入玉米粒焯至八成熟后，捞出沥干备用。
3. 净锅注油烧热，入玉米粒略炒，再放入百合、胡萝卜，加入食盐、鸡精、老抽炒至入味，待熟用水淀粉勾芡，装盘，将黄瓜片围在四周即可。

玉米炒葡萄干

材料

玉米粒200克，葡萄干、红椒各20克，冬瓜150克

调味料

食盐3克，鸡精2克，花生油适量

制作方法

❶ 玉米粒、葡萄干均洗净备用；红椒去蒂洗净，切片；冬瓜去皮、籽洗净，切丁。

❷ 净锅入水烧开，放入玉米粒焯熟后，捞出沥干备用。

❸ 净锅注油烧热，放入冬瓜滑炒片刻，再放入玉米粒、红椒、葡萄干，加入食盐、鸡精炒至入味，装盘即可。

蛋白炒玉米

材料

熟鸡蛋白200克，玉米粒150克，熟豌豆、枸杞各少许

调味料

姜、老抽、白醋、胡椒粉、花生油、水淀粉、食盐、味精各适量

制作方法

❶ 将鸡蛋白切小丁；玉米粒焯水；姜洗净切末，待用。

❷ 锅中注油烧热，炒香姜末。

❸ 再加入蛋白丁、玉米粒、熟豌豆、枸杞和调味料，炒匀即可。

椰汁芋头滑鸡煲

材料

鲜椰汁200毫升，芋头500克，鸡1只（400克），青、红椒片各50克

调味料

食盐3克，淀粉、花生油、淡奶各适量

制作方法

1. 鸡洗净，切块，用淀粉、食盐腌渍，入热油锅，滑至半熟捞起。
2. 芋头去皮，洗净，切块，入热油锅，炸至呈黄色时捞起。
3. 油锅烧热，下入青、红椒炒香，再加入鸡块、芋头同炒，调入食盐、椰汁、淡奶煮沸滚即成。

玉米炒黄瓜

材料

玉米段、黄瓜各200克，红椒、虾仁、荷兰豆各50克

调味料

食盐3克，鸡精2克，老抽、花生油、水淀粉各适量

制作方法

1. 所有原材料洗净、改刀。
2. 净锅入水烧开，放入玉米段煮熟后，捞出沥干，摆于盘四周。
3. 净锅注油烧热，放入虾仁略炒，再放入黄瓜、红椒、荷兰豆翻炒片刻，加入食盐、鸡精、老抽炒至入味，待熟用水淀粉勾芡，装盘即可。

玉米海鲜

材料

玉米粒150克，蟹柳、虾仁、鱿鱼各100克，红椒、黄瓜各50克

调味料

食盐3克，鸡精2克，老抽适量

制作方法

❶ 玉米粒、虾仁均洗净备用；蟹柳洗净，切段；鱿鱼洗净，切花刀；红椒去蒂洗净，切菱形片；黄瓜洗净，切片。

❷ 净锅注油烧热，放入虾仁、蟹柳、鱿鱼略炒，再放入玉米粒炒至八成熟时，加入食盐、鸡精、老抽调味，加适量清水略煮，起锅装盘。

❸ 将切好的黄瓜、红椒摆于盘子四周即可。

金沙玉米粒

材料

玉米粒300克，玉米淀粉100克，熟咸鸭蛋黄100克

调味料

食盐、花生油各适量

制作方法

❶ 咸鸭蛋黄切碎；玉米粒洗净。

❷ 将玉米淀粉放入容器中，加入玉米粒搅匀待用。

❸ 净锅注油烧至八成热，下入玉米粒炸片刻，盛入盘中；锅中留底油烧热，放入咸蛋黄、玉米粒、食盐翻炒均匀即可。

玉米炒芹菜

材料

玉米粒200克，荷兰豆、芹菜、圣女果各100克，红椒、百合各50克

调味料

食盐3克，鸡精2克，老抽、花生油各适量

制作方法

❶ 所有原材料洗净、改刀。

❷ 净锅入水烧开，分别将玉米粒、荷兰豆焯水后，捞出沥干备用。

❸ 净锅注油烧热，放入玉米粒、荷兰豆、芹菜炒至五成熟时，放入圣女果、红椒、百合一起翻炒，加入食盐、鸡精、老抽调味，炒熟装盘即可。

玉米炒蛋

材料

玉米粒150克，鸡蛋3个，火腿片4片，青豆少许，胡萝卜半根

调味料

食盐3克，水淀粉4克，葱花5克，花生油适量

制作方法

❶ 所有原材料洗净。

❷ 鸡蛋入碗中打散，加入食盐和水淀粉调匀；火腿片切丁；胡萝卜去皮切粒。

❸ 热油，倒入蛋液炒熟；锅内再放入玉米粒、胡萝卜粒、青豆和火腿粒，炒香时再放入鸡蛋块，加入食盐调味，炒匀盛出时撒入葱花即可。

玉米炒鸡丁

材料

鸡脯肉150克，玉米粒100克，青椒50克，红椒50克

调味料

食盐5克，料酒5毫升，鸡精3克，姜末5克，花生油适量

制作方法

❶ 鸡脯肉洗净切丁；青椒、红椒洗净去蒂、籽，切丁。

❷ 将鸡脯肉加入食盐、料酒、姜末腌渍入味，于锅中滑炒后捞起待用。

❸ 注油于锅中烧热，炒香玉米粒、青椒、红椒，再入鸡丁炒入味，调入食盐、鸡精粉，起锅即可。

椒盐松仁玉米

材料

玉米粒200克，松仁50克，青、红椒各20克

调味料

食盐3克，淀粉、花生油各适量

制作方法

❶ 所有原材料洗净；青、红椒去蒂、籽，切丁。

❷ 将淀粉加适量清水搅成糊状，放入玉米粒充分混合。

❸ 净锅注油烧热，放入玉米粒炸至表面金黄色，捞出沥干控油，装盘加入食盐拌匀。

❹ 另起锅注油，入松仁、青椒、红椒炒香，盛在玉米粒上即可。

玉米豆腐

材料

玉米粒200克，豆腐150克，豌豆、火腿肠各50克

调味料

食盐3克，鸡精2克，花生油、老抽各适量

制作方法

❶ 玉米粒、豌豆均洗净备用；豆腐洗净，切丁；火腿肠洗净，切丁。

❷ 净锅注油烧热，放入玉米、豌豆滑炒至八成熟时，放入豆腐、火腿肠，加入食盐、鸡精、老抽调味，再加入适量清水，炖煮至熟装盘即可。

香酥玉米

材料

玉米粒300克，糯米粉100克，鸡蛋液适量

调味料

白糖、花生油各适量

制作方法

❶ 将玉米粒过水焯烫；糯米粉加入鸡蛋液、清水调成面浆（面糊和玉米粒等量），放入玉米粒搅拌均匀成玉米面浆。

❷ 净锅入油，至六成热时下入玉米面浆，以中火炸至定形，再转大火炸至金黄即可。

❸ 将炸好的玉米酥取出装盘，撒上白糖即可。

金针菇木耳拌茭白

材料

茭白350克，金针菇150克，水发木耳50克，红辣椒、香菜各适量

调味料

姜丝3克，花生油、食盐、白糖、陈醋、香油各适量

制作方法

1. 茭白去外皮洗净切丝，入沸水中焯烫，捞出。
2. 金针菇洗净，入沸水中焯烫，捞出；红辣椒洗净籽切细丝；木耳洗净切细丝；香菜洗净切段。
3. 锅内注油上火，烧热，爆香姜丝、红辣椒丝，再放入茭白、金针菇、木耳炒匀，最后加入食盐、白糖、陈醋、香油调味，放入香菜段，装盘即可。

茭白肉片

材料

茭白300克，猪瘦肉150克，红辣椒1个

调味料

食盐5克，味精1克，淀粉5克，生抽6毫升，姜片5克，花生油适量

制作方法

1. 茭白洗净，切成薄片；猪瘦肉洗净切片；红辣椒洗净切片。
2. 肉片用淀粉、生抽腌渍。
3. 净锅注油烧热，将肉片炒至变色后加入茭白、红辣椒片炒5分钟，调入食盐、味精即可。

番茄酱马蹄

材料

马蹄250克

调味料

番茄酱50克，白糖3克，鸡精5克，花生油适量

制作方法

❶ 将马蹄去皮洗净，用沸水焯一下备用。

❷ 净锅上火注油，油热时，放入番茄酱、白糖翻炒，待颜色红亮时倒入马蹄。

❸ 待马蹄裹匀番茄酱时，撒入鸡精调味即可。

蒜味马蹄

材料

马蹄200克

调味料

蒜100克，食盐、花生油、味精、葱末各适量

制作方法

❶ 将马蹄洗净，切片，放入沸水中焯一下，沥干水分；大蒜洗净，切末。

❷ 净锅放于火上，注油烧热后，放入马蹄片急速煸炒。

❸ 再放入蒜末，加入食盐、味精再煸炒几下，撒上葱末即可。

虾米茭白粉条汤

材料

茭白150克，水发虾米30克，水发粉条20克，番茄1个

调味料

食盐4克，色拉油适量

制作方法

❶ 茭白洗净切小块；水发虾米洗净；水发粉条洗净切段；番茄洗净切块备用。

❷ 炒锅上火倒入色拉油，下入水发虾米、茭白、番茄煸炒，倒入清水，调入食盐，下入水发粉条煲至熟即可。

PART4

瓜果类

瓜果类蔬菜种类齐全，新鲜的瓜果类蔬菜水分含量较多，营养也较丰富，为人们不可缺少的食物。瓜果蔬菜的蛋白质、脂肪、碳水化合物含量较高，维生素C的含量特别高，常吃可以增强人体抵抗力，还有开胃消食、美容养颜、防癌抗癌的功效。

辣炒黄瓜

材料

黄瓜300克，红椒10克

调味料

食盐3克，鸡精2克，花生油适量

制作方法

1. 黄瓜洗净，切丁；红椒去蒂洗净，切丝。
2. 净锅注油烧热，放入黄瓜、红椒翻炒片刻，加入食盐、鸡精调味，炒熟装盘即可。

黄瓜炒火腿

材料

黄瓜200克，火腿200克，红椒5克

调味料

食盐3克，鸡精2克，蒜5克，花生油适量

制作方法

1. 黄瓜洗净，切片；火腿切块，备用；蒜洗净，切末；红椒去蒂洗净，切丝。
2. 净锅注油烧热，放入蒜末爆香，放入火腿略炒一会，再放入黄瓜、红椒一起翻炒，加入食盐、鸡精炒至入味，装盘即可。

黄瓜炒木耳

材料

黄瓜200克，水发木耳50克

调味料

食盐、淡色老抽、味精、香油、花生油、白糖各适量

制作方法

1. 黄瓜洗净，切片，加入食盐腌渍10分钟左右，装入盘中。
2. 将所有调吵料调成味汁。
3. 木耳洗净，撕成小片，入油锅中与黄瓜一起炒匀，再加入调味汁炒入味即可。

番茄拌黄瓜

材料

黄瓜200克，番茄200克

调味料

食盐2克，干辣椒5克，花生油适量

制作方法

1. 黄瓜洗净，切块；番茄洗净，切块。
2. 将黄瓜和番茄一起加入食盐拌匀。
3. 净锅注油烧热，放入干辣椒爆香后淋入装黄瓜和番茄的碗中，拌匀即可。

脆炒黄瓜皮

材料

猪瘦肉100克，黄瓜300克，红椒少许

调味料

食盐3克，味精1克，陈醋8毫升，老抽10毫升，花生油适量

制作方法

1. 猪瘦肉洗净，切成末；黄瓜洗净，取皮切块；红椒洗净，切碎块。
2. 锅内注油烧热，放入肉末爆炒，调入食盐、陈醋、老抽入味，再放入黄瓜皮、红椒一起翻炒。
3. 加入味精调味，起锅装盘即可。

黄瓜炒口蘑

材料

黄瓜2根，口蘑200克

调味料

食盐、鸡精各3克，葱末、姜末、花生油、料酒各适量

制作方法

1. 黄瓜洗净切片；口蘑洗净切片，入沸水中焯水3分钟，捞出沥水。
2. 锅置火上，倒入适量花生油烧热，放入葱末、姜末炒香，再放入黄瓜片、口蘑片翻炒，加入料酒、食盐、鸡精调味，炒熟后出锅即可。

青椒炒黄瓜

材料

黄瓜200克，青椒100克，红椒20克

调味料

食盐5克，味精3克，花生油适量

制作方法

1. 黄瓜去皮洗净，切斜刀片；青椒、红椒洗净切大片。
2. 锅中注水烧沸，下入黄瓜片、青椒片、红椒片焯水后捞出。
3. 将所有原材料下入油锅中，加入调味料爆炒2分钟即可。

黄瓜炒山药

材料

黄瓜200克，山药100克，红椒20克

调味料

食盐3克，鸡精2克，花生油适量

制作方法

1. 将黄瓜洗净，切成薄片；山药去皮，洗净，切薄片；红椒洗净，切片。
2. 炒锅注入适量花生油烧热，爆香红椒片，放入山药片炒至断生，再放入黄瓜片一起翻炒。
3. 最后调入食盐和鸡精调味，起锅装盘即可。

黄瓜花生仁

材料

黄瓜200克，花生仁200克，红椒5克

调味料

食盐3克，花生油适量

制作方法

1. 黄瓜洗净，切丁；花生仁洗净备用；红椒去蒂洗净，切丝。
2. 净锅注油烧热，放入花生仁，炒至八成熟时，倒入黄瓜丁、红椒一起翻炒，加入食盐调味，炒熟装盘即可。

香油苦瓜

材料

苦瓜300克，黄瓜50克，红椒10克

调味料

食盐3克，香油适量

制作方法

1. 苦瓜去籽洗净，切片；黄瓜洗净，切片；红椒去蒂洗净，一半切丝，一半切菱形片。
2. 净锅入水烧开，放入苦瓜汆熟后，捞出沥干水分，装入盘中，加入食盐、香油拌匀。
3. 将切好的黄瓜、红椒摆盘装饰即可。

菠萝苦瓜

材料

苦瓜、菠萝各300克，圣女果50克

调味料

食盐4克，白糖30克

制作方法

1. 苦瓜洗净，剖开去瓤，切条；菠萝去皮洗净，切块；圣女果洗净对切。
2. 将苦瓜放入开水中稍烫，捞出沥干水分，加食盐腌渍。
3. 将备好的原材料放入容器，加入白糖搅拌均匀，装盘即可。

水晶苦瓜

材料

苦瓜100克，枸杞3克

调味料

食盐3克，味精5克，陈醋8毫升，生抽10毫升，花生油适量

制作方法

1. 苦瓜洗净，去皮，切成薄片，放入加入食盐、花生油的水中焯熟；枸杞洗净，入沸水中焯一下。
2. 将食盐、味精、陈醋、生抽调成味汁。
3. 将味汁淋在苦瓜上，撒上枸杞即可。

鲜果炒苦瓜

材料

苦瓜200克，百合、菠萝、圣女果各100克

调味料

食盐3克，花生油适量

制作方法

1. 苦瓜洗净，切片；百合洗净；菠萝去皮洗净，切片；圣女果洗净。
2. 净锅入水烧开，放入苦瓜氽水后，捞出沥干备用。
3. 净锅注油烧热，放入苦瓜、百合滑炒至八成熟，再放入菠萝、圣女果，加入食盐炒匀，装盘即可。

鲜辣苦瓜

材料

苦瓜300克，豆豉、红辣椒各15克

调味料

食盐、味精各3克，生抽15毫升，蒜15克，花生油适量

制作方法

1. 苦瓜去瓤洗净，切成条，入开水中焯水至断生；红辣椒洗净，切圈；蒜洗净，去皮，切蓉。
2. 净锅置于火上，注油烧至六成热，下入红辣椒、蒜炒香，再下入苦瓜，翻炒均匀。
3. 加入食盐、味精、生抽、豆豉调味，盛盘即可。

清炒苦瓜

材料

苦瓜500克

调味料

食盐、味精各3克，白糖10克，香油5毫升，小葱2根，花生油适量

制作方法

1. 先将苦瓜纵向一剖为二，去瓤及籽，洗净，切成斜片（注意：用刀切时一定要斜切，越斜越好，最好让苦瓜的皮和肉基本上在一个平面上）。
2. 小葱洗净切段，放入油锅内爆香，下入苦瓜迅速翻炒，然后放入食盐、白糖炒约1分钟，加入味精，翻炒半分钟后熄火，淋入香油装盘即可。

朝天椒煸苦瓜

材料

苦瓜250克，朝天椒250克

调味料

香油、食盐、花生油、味精各适量

制作方法

1. 苦瓜洗净，剖成两瓣，挖去籽，斜切成厚片；朝天椒去蒂洗净备用。
2. 锅内不放油，用小火分别将苦瓜、朝天椒煸去部分水分后倒出。
3. 净锅烧热，注入花生油，倒入朝天椒、苦瓜炒至断生，放入食盐、味精，炒匀淋上香油盛盘即可。

银杏苦瓜

材料

苦瓜400克，银杏20克

调味料

食盐、味精、花生油、水淀粉各适量

制作方法

1. 银杏洗净，敲去外壳，放入锅中煮约20分钟；苦瓜剖成两半，去瓤及籽，洗净切丁。
2. 炒锅上火注油，放入银杏、苦瓜翻炒约5分钟。
3. 加入食盐、味精调味，用水淀粉勾薄芡即可。

香辣苦瓜

材料

苦瓜2根，红辣椒2个

调味料

香油、食盐各适量，味精少许

制作方法

1. 苦瓜洗净，剖开，去瓤及籽，切丝，入沸水中略焯，捞出过凉水，沥干水分后装入盘中；红辣椒洗净，切丝。
2. 净锅置于火上，倒入香油烧热，放入辣椒丝炒香，制成辣椒油。
3. 将辣椒油及辣椒丝浇在苦瓜丝上，加入食盐、味精拌匀即可。

西芹炒苦瓜

材料

苦瓜300克，西芹200克，红椒5克

调味料

食盐3克，干辣椒3克，鸡精2克，花生油适量

制作方法

1. 苦瓜洗净，切段；西芹洗净，切段；红椒去蒂洗净，切片；干辣椒洗净，切段。
2. 净锅入水烧开，分别将西芹、苦瓜汆水后，捞出沥干备用。
3. 净锅注油烧热，放入干辣椒爆香，放入西芹、苦瓜翻炒片刻，加入食盐、鸡精调味，炒熟装盘，将红椒放在上面点缀即可。

豆豉炒南瓜

材料

南瓜400克，豆豉40克，香菜适量

调味料

葱段、姜片、水淀粉、食盐、味精、香油、色拉油各适量

制作方法

1. 南瓜洗净，去皮、籽，切条，入沸水中煮至七成熟，捞出沥干水分；香菜洗净，去叶取茎。
2. 净锅注油烧热，放入姜片、豆豉炒香，倒入南瓜条、葱段。
3. 加入食盐、味精调味，下入香菜，用水淀粉勾芡，炒匀，淋入香油即可。

葱白炒南瓜

材料

南瓜250克

调味料

葱白150克，食盐2克，味精1克，白糖3克，花生油适量

制作方法

1. 南瓜洗净切丝；葱白洗净切丝；两者都用开水焯一下。
2. 炒锅注油烧热，放入南瓜丝、葱白丝、食盐、味精、白糖一起翻炒，炒熟即可。

红枣蒸南瓜

材料

老南瓜500克，红枣25克

调味料

白糖10克

制作方法

1. 将南瓜削去硬皮，去瓤后切成厚薄均匀的片；红枣泡发洗净备用。
2. 将南瓜片装入盘中，加入白糖拌匀，摆上红枣。
3. 蒸锅上火，放入备好的南瓜，蒸约30分钟，至南瓜熟烂即可。

蜂蜜蒸老南瓜

材料

老南瓜500克，红枣300克，百合15克，葡萄干15克

调味料

蜂蜜20克

制作方法

1. 老南瓜削去外皮，洗净切片；红枣、百合、葡萄干分别洗净。
2. 将南瓜片整齐地摆入碗中，旁边摆上红枣，上面撒上百合、葡萄干。
3. 淋入蜂蜜，入笼蒸25分钟至酥烂即可。

紫苏炒苦瓜

材料

苦瓜200克，紫苏10克，红椒适量

调味料

食盐3克，鸡精2克，白醋、香油、花生油各适量

制作方法

1. 将苦瓜去瓤洗净，切成薄片；紫苏洗净；红椒去蒂洗净，切圈。
2. 热锅注油，放入红椒圈翻炒片刻，加入紫苏、苦瓜片同炒至熟。
3. 调入食盐、鸡精、白醋炒匀，淋入香油即可。

酸菜炒苦瓜

材料

酸菜100克，苦瓜300克，红椒适量

调味料

食盐3克，鸡精、花生油各适量

制作方法

1. 将苦瓜洗净去瓤，切片；酸菜洗净，切碎；红椒洗净，切圈。
2. 热锅注油，放入苦瓜片大火翻炒至六成熟，加入酸菜、红椒圈翻炒至熟，调入食盐、鸡精炒匀即可。

豆豉炒苦瓜

材料

苦瓜300克，红椒10克，豆豉5克

调味料

食盐3克，花生油适量

制作方法

1. 苦瓜去籽洗净，切长片；红椒去蒂洗净，切段。
2. 净锅入水烧开，放入苦瓜汆烫后，捞出沥干备用。
3. 净锅注油烧热，放入苦瓜翻炒片刻，加入食盐、豆豉、红椒一起炒匀，待熟起锅装盘即可。

南瓜百合

材料

南瓜250克，百合250克

调味料

白糖20克，蜜汁5克

制作方法

1. 南瓜洗净，表面切锯齿花刀。
2. 百合用白糖拌匀，放入南瓜中，上火蒸8分钟。
3. 取出，淋入蜜汁即可。

炖南瓜

材料

南瓜300克

调味料

葱、姜各10克，食盐3克

制作方法

1. 将南瓜去皮、去瓤，切厚块；葱洗净切圈；姜去皮切丝；
2. 净锅上火，注油烧热，下入姜、葱炒香；
3. 再下入南瓜，加入适量清水炖10分钟，调入食盐即可。

果味冬瓜排

材料

冬瓜300克，朱古力屑10克，鸡蛋1个

调味料

淀粉10克，番茄酱、花生油各适量

制作方法

1. 冬瓜去皮洗净，切成薄片，沾裹上鸡蛋、淀粉调成的糊。
2. 油锅烧热，下入冬瓜片炸至结壳时，捞出排入盘中。
3. 番茄酱入油锅中炒散，淋在冬瓜排上，撒上朱古力屑即可。

南瓜牛肉汤

材料

南瓜200克，酱牛肉125克

调味料

食盐3克

制作方法

1. 南瓜去皮、籽，洗净切方块；酱牛肉切块备用。
2. 净锅上火倒入清水，调入食盐烧开，下入南瓜、酱牛肉煲至熟即可。

南瓜排骨汤

材料

南瓜250克，猪排骨150克

调味料

食盐5克，葱段3克

制作方法

1. 南瓜洗净去皮、籽切块；排骨洗净斩块汆水备用。
2. 汤锅上火倒入清水，调入食盐、葱段，下入南瓜、排骨煲至熟即可。

南瓜虾皮汤

材料

南瓜400克，虾皮20克

调味料

花生油、食盐、葱花各适量

制作方法

1. 南瓜洗净切块。
2. 花生油爆锅后，放入南瓜块稍炒，加入食盐、葱花、虾皮，再炒片刻。
3. 添水煮成汤，即可吃瓜喝汤。

香菇冬瓜

材料

干香菇10朵，冬瓜500克，海米适量

调味料

姜丝、食盐、味精、花生油、水淀粉、香油各适量

制作方法

1. 香菇泡发，洗净切丝；冬瓜去皮、籽，洗净挖成球状。
2. 锅中注油烧热，爆香姜丝后放入香菇丝，倒入清水，放入海米煮开。
3. 放入冬瓜球煮熟，加入食盐、味精调味，勾芡，淋入香油即可。

橙汁冬瓜条

材料

冬瓜300克，青椒、红椒、黄椒各10克

调味料

食盐3克，橙汁、花生油各适量

制作方法

1. 冬瓜去皮、籽洗净，切成条；青椒、红椒、黄椒均去蒂洗净，切条。
2. 净锅注水烧开，加入食盐，放入冬瓜煮熟后，捞出沥干，摆盘。
3. 净锅注油烧热，放入青椒、红椒、黄椒爆香后摆盘，将橙汁均匀地淋在冬瓜上即可。

小炒茄子

材料

茄子300克，青椒20克

调味料

食盐5克，味精1克，干辣椒5克，蒜5克，花生油适量

制作方法

1. 茄子洗净切薄片；青椒洗净切圈；干辣椒洗净切段；蒜去皮剁蓉。
2. 锅中注油烧热，下入蒜蓉、干辣椒爆香，再加入茄子。
3. 待炒至茄子熟软时，放入青椒，下入食盐、味精调味，炒匀即可。

西蓝花冬瓜

材料

冬瓜300克，西蓝花100克，猪瘦肉200克

调味料

食盐3克，香油适量

制作方法

1. 冬瓜去皮、籽洗净，切片；西蓝花洗净，切块；猪瘦肉洗净，切片。
2. 将冬瓜与肉片用食盐腌渍片刻，间隔摆于盘中，淋入适量香油，入蒸锅蒸熟后取出。
3. 净锅入水烧开，放入西蓝花，汆熟后摆于冬瓜四周即可。

双椒炒茄子

材料

茄子300克，青、红椒各50克

调味料

食盐3克，鸡精2克，老抽、花生油各适量

制作方法

1. 茄子去蒂洗净，切块；青椒、红椒均去蒂洗净，切段。
2. 净锅注油烧热，放入茄子煸炒片刻，再放入青椒、红椒略炒，加入食盐、鸡精、老抽炒匀，加入适量清水烧至汤汁收干，起锅盛入煲内即可。

拌冬瓜

材料

冬瓜100克，红、青椒各50克

调味料

食盐2克，白醋1毫升，香油少许

制作方法

1. 冬瓜去皮，洗净，切薄片；红、青椒均去蒂，洗净切片。
2. 净锅注水烧沸，放入冬瓜和红、青椒焯熟，捞出入盘。
3. 调入食盐、白醋、香油拌匀即可。

麻酱冬瓜

材料

冬瓜400克，韭菜10克

调味料

芝麻酱25克，香油5毫升，食盐3克，味精2克，葱10克，花椒油5毫升，花生油适量

制作方法

1. 将冬瓜去皮、瓤，切成厚约1厘米的大片；芝麻酱用油、水和好；韭菜洗净，切成末；葱洗净，切斜段。
2. 将切好的冬瓜片码入盘中，入锅蒸至熟软。
3. 净锅上火，放入花椒油，倒入食盐、味精、香油，烧热后与和好的芝麻酱一起浇于冬瓜上，撒上韭菜末、葱段即可。

雪里蕻冬瓜汤

材料

冬瓜250克，雪里蕻60克

调味料

食盐5克，味精2克，香油、高汤各适量

制作方法

1. 将冬瓜切成3厘米长、1厘米宽的块，洗净；把雪里蕻洗净切末备用。
2. 将冬瓜块放入沸水中煮4分钟捞出，在冷水中过凉。
3. 净锅置大火上，倒入高汤，放入冬瓜和雪里蕻末，烧开后撇去浮沫，加入食盐、味精，盖上盖烧2分钟左右，淋入香油即可。

双椒冬瓜

材料

冬瓜500克，青、红椒各50克

调味料

老抽10毫升，白糖10克，水淀粉适量，食盐少许，花生油适量

制作方法

1. 冬瓜去皮、瓤、籽，洗净，切条；青、红椒洗净，切段。
2. 锅中注油烧热后将冬瓜条放入，炒至略呈黄色时加入青椒、红椒、老抽，再加清水，盖上锅盖焖煮。
3. 煮至冬瓜熟时加入食盐、白糖调味，用水淀粉勾芡后出锅即可。

冬瓜瑶柱老鸭汤

材料

冬瓜500克，瑶柱50克，老鸭1只，猪瘦肉200克，陈皮1片

调味料

盐少许

制作方法

1. 瑶柱用清水泡软，洗净备用；冬瓜连皮洗净，切厚块备用；猪瘦肉切块，和陈皮洗净备用。
2. 老鸭洗净，去鸭头和尾部不用，剁成块，入沸水中汆5分钟，捞起。
3. 汤锅中倒入1400毫升清水，先以大火煲至水沸，放入所有材料，改中火继续煲3小时，熄火前加入食盐调味即可。

蛏子炒茄子

材料

茄子300克，蛏子200克，红椒30克

调味料

食盐3克，葱5克，鸡精2克，花生油、老抽、陈醋各适量

制作方法

1. 茄子、红椒均去蒂洗净，切条；蛏子去壳洗净；葱洗净，切段。
2. 净锅入水烧开，将蛏子汆水后，捞出沥干备用。
3. 净锅注油烧热，放入茄子、蛏子略炒，放入红椒，加入食盐、鸡精、老抽、陈醋调味，待熟放入葱段略炒，装盘即可。

冬瓜鸡蓉鹌鹑蛋

材料

西蓝花150克，冬瓜500克，鸡脯肉200克，红椒1个，鹌鹑蛋200克

调味料

葱少许，淀粉、食盐、胡椒粉、香油、鲜汤各适量

制作方法

1. 冬瓜去皮洗净切菱形块，把中间挖成菱形；鸡脯肉洗净剁成末；西蓝花切块，焯水；鹌鹑蛋煮熟去壳待用。
2. 鸡肉末加入淀粉、食盐拌匀，填入挖空的菱形冬瓜中，装盘上锅蒸熟；净锅烧热注油，加入鲜汤，烧开后加入胡椒粉，芡中淋入香油，再将芡汁浇在以鹌鹑蛋等围边摆好的冬瓜上即可。

双椒炒茄盒

材料

茄子300克，青、红椒各5克

调味料

食盐3克，干辣椒3克，姜、蒜各10克，淀粉、花生油各适量

制作方法

1. 茄子去蒂洗净，切块；青椒、红椒均去蒂洗净，切圈；干辣椒洗净，切圈；姜、蒜均去皮洗净，切末。
2. 淀粉加入食盐、水搅成糊状，放入茄子混合，放入热油锅，炸至酥脆。
3. 另起锅注油，入姜、蒜、干辣椒炒香，放入茄子、青椒、红椒一起炒匀，装盘即可。

辣烧茄子

材料

嫩茄子500克

调味料

辣酱20克，葱花、生抽、料酒、食盐、花生油、白糖各适量

制作方法

1. 茄子洗净后切滚刀块。
2. 锅中注油烧热，将茄块放入，炸至微软，取出沥油。
3. 锅中注油烧热后放入辣酱炒至酥香，再放入茄块炒至熟软。
4. 将生抽、料酒、食盐、白糖调入，待茄子熟后撒上葱花即可。

红烧茄子

材料

茄子400克，青椒50克

调味料

食盐3克，蒜3克，鸡精2克，老抽、陈醋、花生油、水淀粉各适量

制作方法

1. 茄子去蒂洗净，切块；青椒去蒂洗净，切片；蒜去皮洗净，切末。
2. 净锅注水烧开，放入茄子汆水后，捞出沥干备用。
3. 净锅注油烧热，入蒜爆香后，放入茄子、青椒翻炒片刻，加入食盐、鸡精、老抽、陈醋炒匀，待熟时，用水淀粉勾芡装盘即可。

番茄烧茄子

材料

茄子300克，番茄150克，青椒20克

调味料

食盐、葱、蒜各3克，鸡精2克，老抽、花生油、水淀粉各适量

制作方法

1. 茄子、番茄均洗净，切块；青椒去蒂洗净，切片；葱洗净，切花；蒜去皮洗净，切末。
2. 净锅入水烧开，放入茄子汆水，捞出沥干备用。
3. 净锅注油烧热，入蒜爆香，放入茄子、青椒炒至八成熟，再放入番茄，加入食盐、鸡精、老抽调味，起锅前，撒上葱花，用水淀粉勾芡，装盘即可。

蒜烧茄子

材料

茄子400克，白芝麻3克

调味料

蒜、葱各10克，辣椒酱5克，食盐2克，花生油适量

制作方法

1. 茄子洗净切条，蒸软备用；蒜、葱分别洗净切碎；白芝麻洗净沥干。
2. 锅中注油烧热，下入蒜炸香，再下入茄子条炒熟。
3. 加入食盐、辣椒酱和白芝麻炒匀至入味，出锅撒上葱花即可。

酱烧茄子

材料

嫩茄子500克，红椒少许

调味料

甜面酱50克，蒜片少许，食盐、花生油、鸡精、葱花、姜末、老抽各适量

制作方法

1. 茄子去皮后洗净，切成粗条；红椒洗净切圈。
2. 锅中注油烧热，将茄条放入油锅中微炸至软，取出。
3. 锅中油烧热后放入甜面酱稍炒，再放入蒜片、红椒圈、姜末稍炒，加水，放入茄条、鸡精、食盐、老抽煮至入味，撒上葱花即可。

蒜香茄子

材料

茄子400克，香菜叶少许，青、红椒各10克

调味料

食盐3克，蒜10克，老抽、陈醋各适量

制作方法

1. 茄子去蒂洗净，切条；香菜叶洗净备用；青椒、红椒均去蒂洗净，切粒；蒜去皮洗净，切末。
2. 将切好的茄子摆好盘，用食盐、老抽、陈醋做成味汁，淋在茄子上，撒上蒜末、青椒、红椒，入蒸锅蒸熟后取出，用香菜叶点缀即可。

蒜香茄泥

材料

茄子400克，红椒5克

调味料

食盐3克，蒜、葱各5克，老抽、陈醋、鲜汤各适量

制作方法

1. 茄子去蒂洗净，切成小块；蒜去皮洗净，切末；红椒去蒂洗净，切粒；葱洗净，切花。
2. 净锅注油烧热，入蒜粒炒香，放入茄子翻炒片刻，加入食盐、老抽、陈醋炒匀，倒入鲜汤，将茄子煮成泥状，盛盘，撒上葱花、红椒即可。

京扒茄子

材料

茄子500克，猪瘦肉150克，香菜30克

调味料

食盐3克，蒜5克，老抽、陈醋、香油各适量

制作方法

❶ 茄子去蒂洗净，切片；猪瘦肉洗净，切末；香菜洗净，切段；蒜去皮洗净，切末。

❷ 将切好的茄子摆好盘，入蒸锅蒸熟后取出。

❸ 净锅注油烧热，放入蒜、肉末炒熟，加入食盐、老抽、陈醋、香油做成调味料，淋在蒸好的茄子上，撒上香菜即可。

五彩茄子

材料

茄子300克，红椒100克，香菜20克

调味料

食盐3克，蒜100克，鸡精2克，老抽、花生油、水淀粉各适量

制作方法

❶ 茄子去蒂洗净，切丝；红椒去蒂洗净，切粒；蒜去皮洗净，切末；香菜洗净，切小段。

❷ 净锅注油烧热，放入茄子丝略炒，加入食盐、鸡精、老抽调味，待熟用水淀粉勾芡，装盘。

❸ 将切好的红椒、蒜末、香菜摆好盘即可。

灯笼茄子

材料

茄子3个

调味料

食盐3克，葱3克，老抽、陈醋、水淀粉各适量

制作方法

1. 茄子洗净，只取蒂的那一半，将其切成条状；葱洗净，切花。
2. 将茄子入蒸锅蒸熟后，取出装盘。
3. 净锅注油烧热，用食盐、老抽、陈醋、水淀粉调成味汁，均匀地淋在茄子上，撒上葱花即可。

剁椒蒸茄子

材料

茄子300克，剁椒30克，豆豉10克

调味料

食盐3克，红油适量

制作方法

1. 茄子去蒂洗净，切条，摆好盘，入蒸锅蒸熟后取出。
2. 净锅注油烧热，用食盐、剁椒、豆豉、红油调成调味料，淋在茄子上即可。

麻酱茄子

材料

茄子2根

调味料

蒜2瓣，芝麻酱50克，食盐3克，味精2克，香油少许

制作方法

1. 蒜拍碎，切末。
2. 将芝麻酱、食盐、味精、香油拌匀。
3. 茄子洗净，切条，装入盘中，淋入拌匀的调料，入锅蒸8分钟即可。

凉拌虎皮椒

材料

青椒150克，红椒150克

调味料

葱10克，食盐5克，老抽5毫升，花生油适量

制作方法

1. 青、红椒洗净后分别切去两端蒂头。
2. 净锅注油加热后，下入青、红椒炸至表皮松起状时捞出，盛入盘内。
3. 虎皮椒内加入所有调味料一起拌匀即可。

醋香茄子

材料

茄子300克

调味料

食盐3克，葱5克，老抽、香油、陈醋各适量

制作方法

1. 茄子去蒂洗净，切成条；葱洗净，切花。
2. 将切好的茄子摆好盘，入蒸锅蒸熟取出。
3. 用食盐、老抽、香油、陈醋一起混合，调成味汁均匀地淋在茄子上，撒上葱花即可。

蒜泥茄条

材料

茄子300克，红椒5克

调味料

食盐3克，蒜10克，老抽、花生油适量

制作方法

1. 茄子去蒂洗净，切条；蒜去皮洗净，切末；红椒去蒂洗净，切丝。
2. 将切好的茄子入蒸锅蒸熟，取出摆好盘。
3. 净锅注油烧热，放入蒜末、红椒炒香，加入食盐、老抽调味，起锅盛在蒸好的茄子上即可。

旱蒸茄子

材料

茄子400克，红椒10克

调味料

食盐3克，葱、姜、蒜各5克，花生油、老抽、陈醋各适量

制作方法

1. 茄子去蒂洗净，切条状；葱洗净，切花；姜、蒜均去皮洗净，切末；红椒去蒂洗净，切圈。
2. 将茄子装盘，入蒸锅蒸熟后取出备用。
3. 净锅注油烧热，入姜、蒜、红椒爆香，加入食盐、老抽、陈醋调味，入葱花略炒，盛在茄子上即可。

湘味茄子煲

材料

茄子500克，猪瘦肉150克，红椒10克

调味料

食盐3克，姜末3克，葱花5克，花生油、老抽、陈醋各适量

制作方法

1. 茄子去蒂洗净，切条；猪瘦肉洗净，切末；红椒去蒂洗净，切丁。
2. 净锅入水烧开，入茄子汆水，捞出沥干。
3. 净锅注油烧热，入姜、红椒爆香，放入肉末略炒，再入茄子翻炒，加入食盐、老抽、陈醋炒匀，加入适量清水炖煮至熟，装盘撒上葱花即可。

双椒蒸茄子

材料

茄子300克，青、红椒各30克

调味料

食盐3克，香油适量

制作方法

1. 茄子、青椒、红椒均去蒂洗净，切条。
2. 将切好的茄子、青椒、红椒加入食盐调味，摆好盘，入蒸锅蒸熟后取出，淋入香油即可。

豉油杭椒

材料

杭椒500克

调味料

八角、桂皮各10克，香叶5克，老抽20毫升，豆豉酱50克，味精2克，白糖20克

制作方法

1. 杭椒洗净，沥干水分备用。
2. 净锅上火，加入适量清水，放入装有八角、香叶、桂皮的卤料包，再放入老抽、豆豉酱、味精、白糖煮开，调成卤汁。
3. 将杭椒放入卤汁中煮开，关火后浸卤8分钟，捞出食用即可。

麻辣手撕茄

材料

茄子300克

调味料

食盐3克，葱、干辣椒各3克，蒜5克，花生油、老抽、红油、陈醋各适量

制作方法

1. 茄子去蒂洗净，对半切；葱洗净，切花；干辣椒洗净，切段；蒜去皮洗净，切末。
2. 将茄子入蒸锅蒸熟，取出用手撕条，摆好盘。
3. 净锅注油烧热，入蒜、干辣椒爆香，加入食盐、老抽、红油、陈醋，做成味汁均匀地淋在茄子上，撒上葱花即可。

辣椒圈拌花生米

材料

花生米100克，青、红椒各50克，熟芝麻5克

调味料

芥末5克，芥末油、香油各5毫升，食盐3克，味精2克，白醋2毫升

制作方法

1. 青、红椒均洗净，切圈，放入沸水锅中焯熟放凉。
2. 花生米入沸水锅内焯水。
3. 将芥末、芥末油、香油、食盐、味精、白醋、熟芝麻放入青、红椒圈和花生米中拌匀，装盘即成。

糖醋尖椒

材料

青尖椒400克，泡椒50克

调味料

食盐2克，味精1克，老抽、白糖、陈醋、花生油、淀粉、香油各适量

制作方法

1. 青尖椒洗净去蒂、籽，洗净。
2. 锅内注油烧热，放入青尖椒滑油，直至外表起皱，捞出沥油。
3. 锅留底油，加入泡椒、白糖、食盐、味精、老抽、陈醋和清水，用淀粉勾芡，最后放入青尖椒翻炒，淋入香油即可。

豆豉炒尖椒

材料

红椒、青椒各200克，豆豉适量

调味料

食盐3克，鸡精2克，花生油适量

制作方法

1. 红椒、青椒均去蒂洗净，切片。
2. 净锅注油烧热，放入红椒、青椒煸炒片刻，加入食盐、鸡精、豆豉炒匀，待熟装盘即可。

豉油辣椒圈

材料

青椒200克，红椒100克

调味料

食盐3克，鸡精2克，豉油、老抽、花生油、陈醋各适量

制作方法

1. 青椒、红椒均去蒂洗净，切圈。
2. 净锅注油烧热，放入青椒、红椒翻炒片刻，加入食盐、鸡精、老抽、陈醋炒匀，倒入适量豉油，炒熟装盘即可。

炒双椒

材料

青椒、红椒各200克

调味料

食盐3克，鸡精2克，花生油适量

制作方法

1. 青椒、红椒均去蒂洗净，切丝。
2. 净锅注油烧热，放入青椒、红椒大火快炒，加入食盐、鸡精调味，炒熟装盘即可。

农家擂辣椒

材料

青椒200克，豆豉30克

调味料

食盐3克，蒜100克，花生油适量

制作方法

1. 青椒去蒂洗净；蒜去皮洗净，用刀拍碎。
2. 净锅注油烧热，入蒜爆香后，放入青椒煸炒，加入食盐、豆豉炒匀，待熟装盘即可。

虎皮杭椒

材料

杭椒500克

调味料

老抽20毫升，食盐、味精、白糖各5克，陈醋10毫升，花生油适量

制作方法

1. 杭椒洗净去蒂，沥干水分待用。
2. 油锅烧热，放入杭椒翻炒至表面稍微发白和有焦糊点时，加入老抽和食盐翻炒。
3. 炒至将熟时加入陈醋、白糖和味精，炒匀，转小火焖2分钟，收干汁水即可。

双椒肉末

材料

青椒300克，红椒100克，猪瘦肉150克

调味料

食盐3克，姜、蒜各5克，花生油、老抽、陈醋各适量

制作方法

1. 青椒、红椒均去蒂洗净，切条；猪瘦肉洗净，切末；姜、蒜均去皮洗净，切末。
2. 净锅注油烧热，入姜、蒜爆香后，放入肉末略炒，再入青椒、红椒一起炒，加入食盐、老抽、陈醋调味，炒熟装盘即可。

番茄炒咸蛋

材料

番茄250克，咸鸭蛋黄2个

调味料

姜末、蒜末、葱末、白糖、食盐各5克，香醋5毫升，淀粉、水淀粉各10克，鲜汤50毫升，花生油适量

制作方法

1. 番茄洗净切片，拍上淀粉；咸蛋黄切丁；锅内注油，放入番茄片以小火炸8秒钟捞出摆盘。
2. 净锅注油，下入姜末、蒜末、葱末爆香，下咸蛋黄炒匀，加鲜汤，放入白糖、香醋、食盐调味，用水淀粉勾芡，淋在番茄片上即可。

虎皮尖椒

材料

青尖椒10个

调味料

姜丝5克，葱花5克，老抽、白糖、陈醋、食盐、味精各适量

制作方法

1. 青尖椒去柄洗净，切去头尾，使各尖椒长短一致，沥干水分待用。
2. 将老抽、姜丝、葱花、白糖、陈醋、食盐倒入碗中搅匀待用。
3. 油锅烧热，入青尖椒，煎至皮酥，将配好的调料倒入锅中，加盖焖煮约1分钟，再放入味精调味即可。

番茄炒口蘑

材料

口蘑300克，番茄2个

调味料

料酒5毫升，水淀粉5克，食盐3克，葱段、高汤、香油各适量

制作方法

1. 番茄洗净，表面划十字花刀，放入沸水中略焯，捞出撕去外皮，切块；口蘑洗净，切好，放入沸水中焯水，沥干水分。
2. 炒锅置于火上，注油烧热，放入口蘑炒匀，加入食盐、料酒、高汤煸炒片刻，放入番茄块，炒至番茄汁浓时，用水淀粉勾薄芡，撒入葱段，淋入香油即可。

洋葱番茄拌青椒

材料

番茄、洋葱、青椒各1个

调味料

陈醋10毫升，食盐、香油、白糖各适量，味精少许

制作方法

1. 番茄、洋葱、青椒洗净，均切条，一起放入沸水中焯约2分钟，沥水，盛盘。
2. 将所有调味料倒入一个小碗中，调成味汁。
3. 将味汁倒入准备好的材料中拌匀即可。

糖拌番茄

材料

番茄3个，香菜叶少许

调味料

白糖15克

制作方法

1. 番茄洗净，切片；香菜叶洗净备用。
2. 将切好的番茄摆入盘中，把白糖均匀地撒在番茄上，用香菜叶点缀即可。

麻酱番茄

材料

番茄2个

调味料

芝麻酱50克，食盐5克，白糖少许

制作方法

1. 番茄洗净，用开水烫后去皮，切成厚块，码在盘中。
2. 芝麻酱用水调开，水要一点一点地加入，不断搅拌，调至浓稠时，加入食盐和白糖拌匀。
3. 将调好的芝麻酱均匀地淋在番茄块上即可。

PART5

豆类

豆类蔬菜既美味又营养，含有大量的蛋白质、钙、锌、铁、磷、糖类、膳食纤维、卵磷脂等成分，对身体大有裨益。豆类蔬菜含有丰富的植物雌激素，常吃豆类蔬菜不仅可以增加营养，还能提神健脑、美容养颜、增强免疫力。

腌椒豇豆

材料

豇豆300克，腌辣椒100克

调味料

食盐3克，鸡精1克

制作方法

❶ 豇豆洗净，切成长段；腌辣椒洗净，剁成末。

❷ 豇豆入沸水中汆水，捞出沥干水分，装盘。

❸ 将辣椒末、食盐和鸡精调成味汁，倒在豇豆上即可。

酸辣豇豆

材料

腌好的豇豆250克，剁椒10克

调味料

蒜10克，食盐2克，陈醋10毫升，味精适量

制作方法

❶ 豇豆在酸咸水中泡15天；蒜剁成蓉。

❷ 取出豇豆，用清水洗净，切成段。

❸ 将剁椒、蒜蓉和调味料放在一起搅拌成糊状，放入豇豆中拌匀即可。

肉末豇豆

材料

豇豆300克，猪瘦肉、红椒各50克

调味料

食盐5克，味精1克，姜末、蒜末各10克，花生油适量

制作方法

❶ 将豇豆择洗干净切碎；猪瘦肉洗净切末；红椒切碎备用。

❷ 净锅上火，注油烧热，放入肉末炒香，加入红椒碎、姜末、蒜末一起炒出香味。

❸ 放入豇豆碎，调入食盐、味精，炒匀入味出锅即可。

农家大碗双豆

材料

四季豆200克，土豆150克，红椒50克

调味料

食盐3克，鸡精1克，花生油适量

制作方法

❶ 将四季豆洗净，切段；土豆洗净，去皮，切条，汆水后捞出沥干；红椒洗净，切圈。

❷ 锅中注油烧热，下入红椒炒香，倒入四季豆和土豆一起翻炒至熟；加少许水焖煮。

❸ 调入食盐和鸡精调味，装盘。

沙钵豇豆

材料

豇豆350克，青、红椒各50克

调味料

蒜20克，食盐3克，鸡精1克，花生油适量

制作方法

❶ 豇豆洗净，切成长段；青椒、红椒均洗净，切片；蒜去皮洗净，拍碎。

❷ 炒锅注油烧至七成热，放入蒜爆香，加入豇豆爆炒，再放入青椒和红椒同炒至熟。

❸ 最后加入食盐和鸡精搅拌均匀，起锅倒入沙钵中。

豇豆炒肉丁

材料

豇豆350克，猪瘦肉50克

调味料

干辣椒30克，食盐3克，鸡精1克，花生油适量

制作方法

❶ 豇豆洗净，切短段；猪瘦肉洗净，切丁；干辣椒洗净，切段。

❷ 净锅注油烧至七成热，倒入瘦肉丁爆炒，再下入干辣椒爆香，最后倒入豇豆翻炒至熟。

❸ 加入食盐和鸡精调味，装盘即可。

豇豆烩茄子

材料

豇豆300克，茄子100克

调味料

蒜蓉10克，食盐3克，鸡精1克，水淀粉适量，花生油适量

制作方法

❶ 将豇豆洗净，切成长度相同的段；茄子洗净，切条。

❷ 净锅加适量油烧热，放入蒜蓉炒香，再放入豇豆爆炒，加入茄子同炒，注入适量清水烧沸。

❸ 最后待水将烧干时，调入盐和鸡精调味，用水淀粉勾芡，起锅装盘。

豇豆肉末

材料

豇豆300克，猪瘦肉100克，橄榄菜20克

调味料

干辣椒30克，食盐3克，鸡精1克，花生油适量

制作方法

❶ 豇豆洗净，切段；猪瘦肉洗净，剁成肉末；干辣椒洗净，切段。

❷ 净锅注油烧热，放入肉末滑炒，装盘待用；净锅再注油烧热，下入干辣椒爆香，倒入豇豆煸炒，倒入橄榄菜和肉末同炒。

❸ 最后调入食盐和鸡精调味，装盘即可。

鲜辣豇豆

材料

豇豆150克，米豆腐、猪瘦肉各80克，野山椒、青椒、红椒各10克

调味料

食盐3克，鸡精2克，花椒油，花生油各适量

制作方法

❶ 将猪瘦肉洗净切小块；豇豆洗净切小段；米豆腐切小块；青椒、红椒去蒂洗净切圈；野山椒切圈。

❷ 热锅注油，下入青椒、红椒、野山椒炒香后，下入猪肉、豇豆、米豆腐翻炒至熟。

❸ 再下入食盐、鸡精、花椒油炒匀即可。

橄榄菜炒豇豆

材料

豇豆300克，花生仁100克，橄榄菜100克，红椒50克

调味料

老抽5毫升，食盐3克，鸡精1克，花生油适量

制作方法

❶ 将豇豆洗净，斜切成段；红椒洗净，切丁。

❷ 净锅注油烧热，放入花生仁炸熟，捞起沥油，待用；锅底留油，倒入红椒和橄榄菜炒香，再倒入豇豆煸炒至熟。

❸ 最后放入花生仁一起翻炒均匀，加入老抽、食盐和鸡精调味，装盘即可。

大碗豇豆

材料

豇豆200克，红椒20克

调味料

蒜20克，食盐3克，味精1克，老抽8毫升，陈醋少许，花生油适量

制作方法

❶ 豇豆洗净，下入沸水锅中稍焯后，捞出沥水；红椒洗净，切圈；蒜洗净，切小块。

❷ 锅中注油烧热，放入豇豆炒至变色，再放入红椒、蒜同炒。

❸ 炒至熟后，加入食盐、味精、老抽、陈醋拌匀调味，起锅装盘即可。

豇豆炒胡萝卜

材料

豇豆350克，胡萝卜50克

调味料

干辣椒20克，食盐3克，鸡精1克，花生油适量

制作方法

❶ 豇豆洗净，切段；胡萝卜洗净，切条；干辣椒洗净，切段。

❷ 油锅烧热，放入干辣椒爆香，倒入豇豆和胡萝卜翻炒至熟。

❸ 调入食盐和鸡精调味，装盘即可。

豇豆炒茄丁

材料

豇豆250克，茄子100克

调味料

食盐3克，鸡精1克，蒜蓉15克，花生油适量

制作方法

❶ 豇豆洗净，切段；茄子洗净，切丁。

❷ 炒锅注油烧热，下入蒜蓉炒香，倒入茄子和豇豆一起爆炒至熟。

❸ 最后加入食盐和鸡精翻炒入味，起锅装盘即可。

豇豆丝炒粉条

材料

豇豆350克，粉条适量，红椒、青椒各30克

调味料

红油15毫升，食盐3克，鸡精1克，花生油适量

制作方法

❶ 豇豆洗净，切丝；青椒和红椒均洗净，切丝；粉条泡发洗净。

❷ 净锅注油烧至七成热，下入豇豆丝、粉条爆炒至九成熟，再放入青椒和红椒同炒。

❸ 加少许红油翻炒均匀，调入食盐和鸡精，起锅装盘即可。

钵子豇豆

材料

豇豆500克，猪瘦肉50克，红椒10克

调味料

食盐3克，料酒10毫升，干辣椒10克，花生油适量

制作方法

❶ 豇豆洗净，切段；猪瘦肉洗净，切丁；红椒洗净，切片；干辣椒洗净，切段。

❷ 油锅烧热，放入猪肉丁炒熟，下豇豆煸炒至断生，加入干辣椒、红椒、食盐、料酒翻炒至熟，出锅装盘即可。

辣椒炒豇豆

材料

豇豆250克，红辣椒100克，猪瘦肉80克

调味料

食盐3克，鸡精1克，花生油适量

制作方法

❶ 豇豆洗净，切细段；红辣椒洗净，切圈；猪瘦肉洗净，剁成肉末。

❷ 净锅注油烧热，放入肉末煸炒至熟，装盘待用；锅再注油烧热，放入辣椒爆香，再倒入豇豆翻炒至八成熟，倒入肉末一起炒匀。

❸ 加入食盐和鸡精调味，出锅装盘即可。

豇豆焖茄条

材料

豇豆200克，茄子150克，红椒20克

调味料

食盐3克，鸡精2克，花生油适量

制作方法

❶ 豇豆洗净，切段；茄子洗净，切条；红椒洗净，切圈。

❷ 炒锅注油烧热，放入红椒爆香，再放入豇豆和茄条同炒，加少许清水焖煮至熟。

❸ 加入食盐和鸡精调味，装盘即可。

红椒烩四季豆

材料

四季豆250克，红椒30克

调味料

食盐3克，鸡精1克，水淀粉10克，花生油适量

制作方法

❶ 将四季豆洗净，切段；红椒洗净，切圈。

❷ 净锅注油烧热，放入红椒爆香，再倒入四季豆翻炒，加适量清水烧开。

❸ 当水烧至渐干时，加入食盐和鸡精调味，用水淀粉勾芡，装盘即可。

双椒炒豆芽

材料

绿豆芽150克，红椒、青椒各10克

调味料

食盐、味精各2克，水淀粉10克，花生油适量

制作方法

❶ 将绿豆芽洗净；红椒、青椒洗净切丝。

❷ 锅内放入少许油烧热后，将红椒丝、青椒丝先爆炒，再将绿豆芽放入锅内翻炒熟。

❸ 将食盐、味精放入锅内炒匀，勾入水淀粉再炒匀、炒熟，装盘即可。

葱花黄豆芽

材料

黄豆芽350克

调味料

豆油、葱花、食盐各适量

制作方法

❶ 黄豆芽洗净后加水煮熟，捞出沥干水分待用，煮豆芽的汤留作炒菜时用。

❷ 锅置火上，加入豆油烧热，放入葱花炸出香味，将黄豆芽放入，炒2~3分钟。

❸ 加入煮豆芽的原汤和食盐，炒至汤将干即可。

金针菇炒豆芽

材料

绿豆芽300克，金针菇150克，青椒、红椒各50克

调味料

食盐3克，鸡精1克，花生油适量

制作方法

❶ 绿豆芽洗净；金针菇洗净；青椒、红椒均洗净，切丝。

❷ 净锅注油烧热，放入青椒和红椒炒香，再放入绿豆芽和金针菇翻炒至熟。

❸ 调入食盐和鸡精调味，装盘即可。

虎皮尖椒煮豇豆

材料

豇豆200克，尖椒100克，红椒50克

调味料

食盐3克，鸡精1克，老抽10毫升，蒜10克，花生油适量

制作方法

1. 豇豆洗净，切段；尖椒洗净，去蒂、籽；蒜去皮，洗净，拍碎。
2. 净锅注油烧至七成热，放入尖椒煎至虎皮状，装盘待用；锅内再注油烧热，放入蒜炒香，再放入豇豆煸炒至断生，再放入红椒，加少许清水和老抽煮开。
3. 调入食盐和鸡精调味，装盘即可。

木耳炒豆芽

材料

黄豆芽400克，水发木耳丝30克，红辣椒丝5克

调味料

葱丝、姜丝各5克，花椒2克，老抽、料酒、陈醋、白糖、食盐、味精、花生油、香油各适量

制作方法

1. 豆芽去根洗净，放入开水中焯熟，捞出控水，装盘。
2. 锅中注油烧热时放入花椒，等花椒成金黄色时捞出。
3. 放入红辣椒丝、葱丝、姜丝煸炒，再依次放入木耳丝、老抽、料酒、陈醋、白糖、食盐、味精炒匀，烧开，淋入香油出锅。
4. 将炒好的材料浇在豆芽上即成。

辣炒豆芽

材料

黄豆芽400克，青蒜3根

调味料

香油10毫升，食盐3克，白糖5克，干辣椒3个，味精1克，花生油适量

制作方法

❶ 黄豆芽掐去根须，拣出豆皮，洗净后控干水分；干辣椒、青蒜洗净，切成小段。

❷ 净锅置于火上，注油烧热，下入黄豆芽煸炒至水分不多时捞出备用。

❸ 将干辣椒段下入锅内，煸出香辣味，加入黄豆芽、食盐、白糖、味精炒匀，再放入青蒜段，淋入香油，翻炒几下即可。

黄豆芽炒粉条

材料

黄豆芽、红薯粉各250克

调味料

葱段、干辣椒各30克，食盐5克，花生油、生抽、陈醋各10毫升

制作方法

❶ 黄豆芽洗净；红薯粉用清水冲洗，再放入凉水中浸泡一会。

❷ 黄豆芽和红薯粉均焯水沥干。

❸ 油锅烧热，放入干辣椒爆香，黄豆芽、红薯粉条和葱段一起入锅，下剩余调料，装盘即可。

黄豆芽炒大肠

材料

黄豆芽250克，红椒10克，卤大肠100克

调味料

葱段、蒜蓉、食盐各适量，鸡精、白糖各2克，XO酱15克，香油、陈醋各少许，花生油适量

制作方法

❶ 将卤大肠斜刀切件；红椒洗净，切丝；黄豆芽洗净，入锅中炒至八成熟备用。

❷ 锅中注油，入卤大肠炸至金黄色，捞出控油。

❸ 锅中爆香葱段、蒜蓉、红椒，倒入黄豆芽、大肠和剩余调味料，炒香即可。

豌豆炒胡萝卜

材料

豌豆200克，黄豆100克，冬瓜150克，胡萝卜50克

调味料

食盐3克，鸡精2克，水淀粉10克，花生油适量

制作方法

❶ 将豌豆和黄豆分别洗净，入沸水中汆水，捞起沥干；冬瓜去皮，洗净，切丁；胡萝卜洗净，切丁。

❷ 炒锅注油烧热，放入胡萝卜和冬瓜滑炒，再放入豌豆和黄豆翻炒至熟。

❸ 最后调入食盐和鸡精调味，加水淀粉勾芡即可。

豆芽拌菠菜

材料

绿豆芽200克，粉条150克，菠菜50克，红椒10克，芝麻10克

调味料

干辣椒20克，食盐3克，鸡精2克，香油10毫升，花生油适量

制作方法

❶ 绿豆芽洗净，沥干水分；粉条浸泡至软；菠菜洗净；红椒洗净，切丝；干辣椒洗净，切段。

❷ 油烧至七成热，下入红椒、干辣椒和芝麻爆香，再放入绿豆芽、菠菜、粉条一起翻炒至熟。

❸ 最后加入食盐和鸡精调味，淋入香油，装盘即可。

炒黄豆芽

材料

黄豆芽350克，青椒、红椒各20克，粉丝100克

调味料

食盐3克，鸡精1克，花生油适量

制作方法

❶ 黄豆芽洗净，汆水至熟；青椒、红椒均洗净切丝；粉丝用冷水浸泡。

❷ 炒锅注油烧热，放入黄豆芽翻炒，再放入粉丝同炒，最后加入青椒和红椒一起翻炒均匀。

❸ 调入食盐和鸡精，装盘即可。

炝炒黄豆芽

材料

黄豆芽300克，红椒30克，香菜20克

调味料

食盐3克，鸡精2克，花生油适量

制作方法

❶ 将黄豆芽洗净，沥干水分；红椒洗净，切丝；香菜洗净，切段。

❷ 炒锅注油烧至七成热，倒入红椒爆香，再放入黄豆芽翻炒至熟。

❸ 加入食盐、鸡精调味，加香菜翻炒均匀，起锅装盘即可。

萝卜干拌豌豆

材料

豌豆200克，萝卜干250克，红椒25克

调味料

食盐2克，鸡精1克，花生油适量

制作方法

❶ 将豌豆洗净，焯水后捞出沥干；萝卜干洗净，切丁；红椒洗净，切圈。

❷ 净锅注油烧热，放入红椒爆香，再放入萝卜干和豌豆翻炒至熟。

❸ 调入少许食盐和鸡精调味，装盘即可。

豌豆拌豆腐丁

材料

豌豆200克，胡萝卜150克，豆腐100克

调味料

食盐3克，鸡精1克，花生油适量

制作方法

1. 豌豆洗净；胡萝卜洗净，切丁；豆腐洗净，切丁。
2. 炒锅注油烧热，放入豌豆和胡萝卜丁同炒，再加入豆腐丁翻炒至熟。
3. 最后调入食盐和鸡精，起锅装盘即可。

农家小炒

材料

黄豆芽300克，香干50克，韭菜30克

调味料

干辣椒20克，食盐3克，鸡精1克，花生油适量

制作方法

1. 黄豆芽洗净；香干洗净，切条；韭菜洗净，切段，干辣椒洗净，切段。
2. 净锅注油烧热，放入干辣椒、韭菜爆香，再放入香干和黄豆芽一起翻炒至熟。
3. 加入食盐和鸡精调味，装盘即可。

豌豆炒黄豆

材料

豌豆300克，黄豆100克

调味料

八角15克，食盐3克，鸡精2克，花生油适量

制作方法

1. 豌豆洗净，沥干水分；黄豆洗净，入沸水中汆烫。
2. 炒锅加油烧至七成热，放入八角爆香，再放入豌豆和黄豆同炒至熟。
3. 最后调入食盐和鸡精调味，装盘即可。

豌豆炒玉米

材料

豌豆200克，玉米粒、莲藕各100克，枸杞25克

调味料

食盐3克，鸡精2克，花生油适量

制作方法

❶ 豌豆、玉米、枸杞分别洗净，沥干水分；莲藕洗净，去皮，切丁。

❷ 炒锅注油烧热，放入豌豆和玉米粒翻炒，再下入莲藕和枸杞同炒至熟。

❸ 加入食盐和鸡精调味，起锅装盘即可。

百合豌豆

材料

豌豆300克，百合100克，玉米粒50克，枸杞10克

调味料

食盐3克，鸡精2克，水淀粉10克，花生油适量

制作方法

❶ 豌豆、百合、玉米粒、枸杞均洗净。

❷ 油锅烧热，放入豌豆和玉米同炒，放入百合和枸杞，加少许清水焖煮。

❸ 最后调入食盐和鸡精，用水淀粉勾芡即可。

素炒豌豆

材料

豌豆400克，苹果、番茄各30克

调味料

食盐4克，鸡精2克，水淀粉10克，花生油适量

制作方法

❶ 豌豆洗净，沥干水分；苹果洗净，去皮，切丁；番茄洗净，切丁。

❷ 炒锅注油烧热，放入豌豆翻炒至八成熟，再下入苹果丁和番茄丁同炒，注入适量清水煮至熟。

❸ 入食盐和鸡精调味，加入水淀粉勾芡即可。

萝卜干炒豌豆

材料

豌豆100克，萝卜干300克

调味料

食盐2克，辣椒粉10克，花生油适量

制作方法

1. 豌豆洗净，焯水后捞出沥干；萝卜干泡发洗净，切条。
2. 油锅烧热，下入萝卜干爆炒，再放入豌豆翻炒。
3. 加入辣椒粉炒匀，调入食盐调味，装盘即可。

豌豆炒香菇

材料

豌豆350克，香菇150克

调味料

食盐3克，鸡精2克，水淀粉10克，花生油适量

制作方法

1. 豌豆洗净，焯水后捞出沥干；香菇泡发，洗净，切块。
2. 炒锅注油烧至七成热，放入香菇翻炒，再放入豌豆同炒至熟。
3. 调入食盐和鸡精调味，用水淀粉勾芡，装盘即可。

红椒四季豆

材料

四季豆400克，红椒2个

调味料

食盐5克，鸡精2克，花生油10毫升，香油5毫升，蒜3瓣，香油5毫升

制作方法

1. 去除四季豆头尾的蒂，洗净；红椒洗净切丝；蒜切成片，放入碗中备用。
2. 锅内注水烧开后，放入油和四季豆，过水捞出，沥干水分。
3. 锅内油烧热后，放入红辣椒丝、蒜炒香，再将四季豆放入锅内一起翻炒，加入食盐、鸡精炒匀后，淋入香油即可。

干煸四季豆

材料

四季豆400克

调味料

食盐3克，味精2克，鸡精2克，蚝油10毫升，花椒油15毫升，蒜3瓣，葱段10克，干辣椒20克，花生油适量

制作方法

1. 四季豆择去头尾筋部后洗净切段；干辣椒洗净切段；蒜去皮洗净切片备用。
2. 净锅上火，油烧热，放入四季豆，炸至焦干，捞出，沥油备用。
3. 锅内留少许底油，放入干辣椒段、蒜片炒香，加入四季豆，调入其余调味料，炒匀入味即可。

豌豆炒腊肉

材料

豌豆350克，腊肉150克

调味料

食盐4克，鸡精3克，花生油适量

制作方法

❶ 豌豆洗净，入沸水中焯水至八成熟，捞起沥干；腊肉洗净，切丁。

❷ 净锅注油烧至七成热，放入腊肉煸炒至出油，再倒入豌豆翻炒。

❸ 最后调入食盐和鸡精调味，装盘即可。

豌豆冬瓜汤

材料

豌豆300克，冬瓜250克，胡萝卜30克

调味料

食盐4克，鸡精2克，花生油适量

制作方法

❶ 豌豆洗净，沥干；冬瓜去皮洗净，切块；胡萝卜洗净，切丁。

❷ 热锅注油烧热，放入豌豆和胡萝卜丁炒至断生，注入适量清水煮开，再放入冬瓜同煮至熟。

❸ 调入食盐和鸡精调味，起锅装盘即可。

豌豆炒肉

材料

豌豆250克，猪瘦肉100克，红椒1个

调味料

食盐3克，味精3克，胡椒粉2克，水淀粉10克，花生油适量

制作方法

❶ 猪瘦肉洗净，切成片；红椒洗净切圈。

❷ 猪瘦肉加少许水、淀粉腌渍5分钟后入三成油温中滑开。

❸ 锅中注油，爆香红椒，下入豌豆翻炒，再倒入少许水焖5分钟，下入肉片和调味料即可。

素炒荷兰豆

材料

荷兰豆300克，红辣椒5克

调味料

食盐5克，味精少许，花生油适量

制作方法

❶ 红辣椒洗净，切细丝；荷兰豆择洗干净，焯水至断生，迅速过凉。

❷ 荷兰豆加入食盐、味精、辣椒丝，炒熟，摆盘即可。

清炒荷兰豆

材料

荷兰豆400克

调味料

食盐、鸡精各适量，蒜3瓣，花生油适量

制作方法

❶ 荷兰豆去除头尾和老筋后洗净；蒜去皮，切末备用。

❷ 锅中加少许清水烧开，放入荷兰豆焯熟后捞起，沥干水分。

❸ 锅中注油烧热，加入蒜末爆香，再放入荷兰豆，调入鸡精、食盐炒匀后盛盘即可。

蒜蓉拌荷兰豆

材料

荷兰豆300克

调味料

蒜50克，食盐5克，味精3克，香油5毫升

制作方法

❶ 将荷兰豆择去头尾筋后，洗净；蒜去皮，剁蓉。

❷ 净锅上火，加水烧沸，将荷兰豆下入稍焯后，捞出。

❸ 荷兰豆内加入蒜蓉和所有调味料一起拌匀即可。

豌豆牛肉粒

材料

牛肉、豌豆各250克，红辣椒10克

调味料

干辣椒粒30克，姜10克，料酒20毫升，淀粉20克，食盐5克，花生油适量

制作方法

❶ 牛肉洗净，切丁，加入少许料酒、淀粉上浆，红辣椒去蒂、粒，洗净切粒。

❷ 豌豆洗净，入锅中煮熟后，捞出沥水；姜去皮洗净切片。

❸ 油锅烧热，倒入干辣椒粒、红辣椒粒、姜片爆炒，加入豌豆、牛肉翻炒，再调入食盐，勾芡，装盘即可。

清炒四季豆

材料

四季豆300克

调味料

蒜6瓣，香油10毫升，食盐、鸡精各5克，花生油少许

制作方法

❶ 四季豆掐去头尾的蒂后，掰成段；蒜去皮，切成片备用。

❷ 锅中水煮开后，加入少许食盐，滴入几滴油后，下入四季豆煮熟。

❸ 锅中放少许油烧热，倒入蒜片爆香，加入四季豆，调入食盐、鸡精翻炒均匀，再滴入少许香油，起锅盛盘即可。